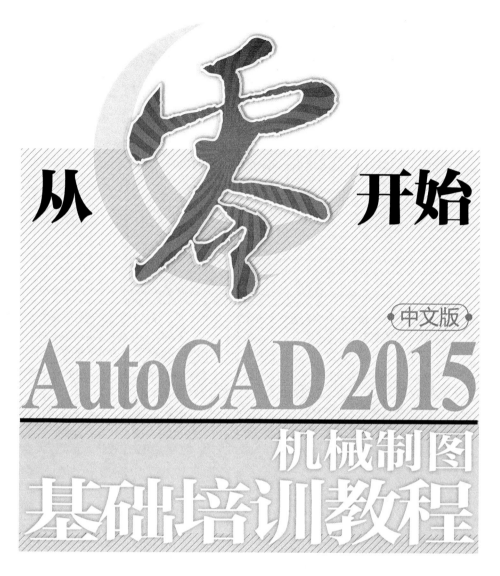

从 零 开始

中文版

AutoCAD 2015

机械制图
基础培训教程

 老虎工作室

李善锋 姜勇 关洪亮 编著

U0310240

人民邮电出版社

北 京

图书在版编目（CIP）数据

AutoCAD 2015中文版机械制图基础培训教程 / 李善
锋，姜勇，关洪亮编著. -- 北京：人民邮电出版社，
2015.2（2020.8重印）
（从零开始）
ISBN 978-7-115-38019-7

Ⅰ. ①A… Ⅱ. ①李… ②姜… ③关… Ⅲ. ①机械制
图—AutoCAD软件—技术培训—教材 Ⅳ. ①TH126

中国版本图书馆CIP数据核字(2014)第298801号

内 容 提 要

本书实用性强，结合实例讲解 AutoCAD 实用知识，重点培养读者的 AutoCAD 绘图技能，提高其解决实际问题的能力。

全书共 13 章，主要内容包括 AutoCAD 绘图环境及基本操作、创建及设置图层、绘制二维基本对象、编辑图形、参数化绘图、书写文字、标注尺寸、绘制典型零件图及装配图的方法和技巧、查询图形信息、图块及外部参照的应用、图形输出及创建三维实体模型等。

本书颇具特色之处是将典型习题的绘制过程录制成了动画，并配有全程语音讲解，收录在本书所附光盘中，可作为读者学习时的参考和向导。

本书可供各类机械制图培训班作为教材使用，也可供相关工程技术人员及大学和高等专业学校的学生自学参考。

- ◆ 编　著　老虎工作室　李善锋　姜　勇　关洪亮
　　责任编辑　李永涛
　　责任印制　杨林杰
- ◆ 人民邮电出版社出版发行　　北京市丰台区成寿寺路 11 号
　　邮编　100164　电子邮件　315@ptpress.com.cn
　　网址　http://www.ptpress.com.cn
　　北京九州迅驰传媒文化有限公司印刷
- ◆ 开本：787×1092　1/16
　　印张：17
　　字数：418 千字　　　　　　　　2015 年 2 月第 1 版
　　印数：6 701–7 100 册　　　　　2020 年 8 月北京第 9 次印刷

定价：35.00 元（附光盘）

读者服务热线：(010)81055410　印装质量热线：(010)81055316
反盗版热线：(010)81055315
广告经营许可证：京东市监广登字 20170147 号

计算机技术的进步，使得计算机辅助设计及绘图技术得到了前所未有的发展。二十几年前，AutoCAD 悄然进入中国，如今国内用户已有数十万，其应用范围遍及机械、建筑、装修、航天、轻工、军事等设计领域。AutoCAD 的广泛使用彻底改变了传统的绘图模式，极大地提高了设计效率，把设计人员真正从爬图板时代解放了出来，从而使他们将更多精力投入到提高设计质量上。

内容和特点

本书突出实用性，注重培养读者的实践能力，具有以下特色。

1．在充分考虑 AutoCAD 功能及特点的基础上，按类似课堂教学的方式组织本书内容。书中既介绍了 AutoCAD 基础理论知识，又提供了非常丰富的绘图练习，读者可以"边学边练"。

2．在内容的组织上突出了易懂、实用的原则，精心选取 AutoCAD 的一些常用功能及与机械绘图密切相关的知识构成全书主要内容。

3．以绘图实例贯穿全书，将理论知识融入大量的实例中，使读者在实际绘图过程中不知不觉地掌握理论知识，提高绘图技能。

4．本书专门安排两章内容介绍用 AutoCAD 绘制典型零件图及装配图的方法。通过这部分内容的学习，读者可以了解用 AutoCAD 绘制机械图的特点，并掌握一些实用的作图技巧，从而提高解决实际问题的能力。

本书作者长期从事 CAD 的应用、开发及教学工作，并且一直在跟踪 CAD 技术的发展，对 AutoCAD 软件的功能、特点及其应用有较深入的理解和体会。作者对该书的结构体系做了精心安排，力求系统、全面、清晰地介绍用 AutoCAD 绘制机械图形的方法与技巧。

全书分为 13 章，主要内容如下。

- 第 1 章：介绍 AutoCAD 绘图环境及一些基本操作。
- 第 2 章：介绍线段、平行线、圆及圆弧连接的绘制方法。
- 第 3 章：介绍绘制多边形、椭圆及填充剖面图案的方法。
- 第 4 章：介绍常用编辑方法及技巧。
- 第 5 章：介绍参数化绘图的一般方法及技巧。
- 第 6 章：介绍如何书写文字。
- 第 7 章：介绍如何标注尺寸。
- 第 8 章：通过实例说明绘制零件图的方法和技巧。
- 第 9 章：通过实例说明绘制二维装配图及拆画零件图的方法。
- 第 10 章：介绍如何查询图形信息及图块和外部参照的用法。
- 第 11 章：介绍怎样输出图形。

- 第 12 章：介绍创建三维实体模型的方法。
- 第 13 章：介绍编辑三维实体模型的方法。

读者对象

本书将 AutoCAD 的基本命令与典型零件的设计实例相结合，条理清晰、讲解透彻、易于掌握，可供各类机械制图培训班作为教材使用，也可供广大工程技术人员及大学和高等专业学校的学生自学参考。

附盘内容及用法

本书所附光盘内容分为以下几部分。

1. ".dwg"图形文件

本书所有练习用到的及典型实例完成后的".dwg"图形文件都收录在附盘的"\dwg\第×章"文件夹下，读者可以调用和参考这些文件。

2. ".avi"动画文件

本书典型习题的绘制过程都录制成了".avi"动画文件，并收录在附盘的"\avi\第×章"文件夹下。

注意：播放文件前要安装光盘根目录下的"tscc.exe"插件。

3. PPT 文件

本书提供了 PPT 文件，以供教师上课使用。

4. 习题答案

光盘中提供了书中习题的参考答案，便于读者检查自己的操作是否正确。

感谢您选择了本书，也欢迎您把对本书的意见和建议告诉我们。

老虎工作室网站 http://www.ttketang.com，电子邮件 ttketang@163.com。

老虎工作室

2014 年 11 月

目　录

第 1 章　AutoCAD 绘图环境及基本操作 1

1.1　功能讲解——了解用户界面及学习基本操作 1
1.1.1　AutoCAD 2015 用户界面 1
1.1.2　用 AutoCAD 绘图的基本过程 4
1.1.3　调用命令 8
1.1.4　鼠标操作 9
1.1.5　选择对象的常用方法 9
1.1.6　删除对象 10
1.1.7　撤销和重复命令 10
1.1.8　取消已执行的操作 10
1.1.9　快速缩放及移动图形 10
1.1.10　窗口放大、全部显示及返回上一次的显示 11
1.1.11　设定绘图区域的大小 11
1.2　范例解析——布置用户界面及设定绘图区域大小 13
1.3　功能讲解——设置图层、线型、线宽及颜色 14
1.3.1　创建及设置机械图的图层 14
1.3.2　控制图层状态 17
1.3.3　修改对象图层、颜色、线型和线宽 17
1.3.4　修改非连续线的外观 18
1.4　范例解析——使用图层及修改线型比例 19
1.5　功能讲解——画线的方法 19
1.5.1　输入点的坐标画线 19
1.5.2　使用对象捕捉精确画线 21
1.5.3　利用正交模式辅助画线 23
1.5.4　剪断线条 23
1.5.5　延伸线条 25
1.6　范例解析——输入坐标画线 26
1.7　实训——输入点的坐标及利用对象捕捉画线 27
1.8　综合案例——绘制线段构成的平面图形 29
1.9　习题 30

第 2 章　绘制线段、平行线及圆 31

2.1　功能讲解——画线的方法 31
2.1.1　结合对象捕捉、极轴追踪及自动追踪功能画线 31
2.1.2　绘制平行线 33

2.1.3　打断线条 34

2.1.4　调整线条长度 35

2.2　范例解析——用 LINE、OFFSET 及 TRIM 命令绘图 36

2.3　功能讲解——画斜线、切线、圆及圆弧连接 40

2.3.1　使用 LINE 及 XLINE 命令绘制任意角度斜线 40

2.3.2　画切线、圆及圆弧连接 42

2.3.3　倒圆角及倒角 43

2.4　范例解析——形成圆弧连接关系 45

2.5　实训——绘制平行线、圆及圆弧连接 48

2.6　综合案例——绘制线段、圆及圆弧构成的平面图形 50

2.7　习题 56

第 3 章　绘制多边形、椭圆及填充剖面图案 59

3.1　功能讲解——绘制多边形、阵列及镜像对象 59

3.1.1　绘制矩形、正多边形及椭圆 59

3.1.2　矩形阵列对象 61

3.1.3　环形阵列对象 62

3.1.4　沿路径阵列对象 63

3.1.5　编辑关联阵列 64

3.1.6　镜像对象 65

3.2　范例解析——绘制对称图形 66

3.3　功能讲解——多段线、等分点、断裂线及填充剖面图案 71

3.3.1　绘制多段线 71

3.3.2　点对象、等分点及测量点 73

3.3.3　绘制断裂线及填充剖面图案 75

3.4　范例解析——阵列对象及填充剖面图案 76

3.5　功能讲解——面域造型 77

3.5.1　创建面域 78

3.5.2　并运算 78

3.5.3　差运算 78

3.5.4　交运算 79

3.6　范例解析——面域造型应用实例 79

3.7　实训——绘制椭圆、多边形等 81

3.8　综合案例——绘制多边形、椭圆等对象构成的平面图形 82

3.9　习题 84

第 4 章　编辑图形 87

4.1　功能讲解——改变图形位置、调整图形倾斜方向及形状 87

4.1.1 移动及复制对象 87

4.1.2 旋转对象 89

4.1.3 对齐对象 90

4.1.4 拉伸对象 92

4.1.5 按比例缩放对象 93

4.2 范例解析——利用复制、旋转、拉伸及对齐命令绘图 94

4.3 功能讲解——关键点编辑方式 97

4.3.1 利用关键点拉伸对象 98

4.3.2 利用关键点移动及复制对象 99

4.3.3 利用关键点旋转对象 100

4.3.4 利用关键点缩放对象 101

4.3.5 利用关键点镜像对象 102

4.4 范例解析——利用关键点编辑方式绘图 102

4.5 功能讲解——编辑图形元素属性 103

4.5.1 用 PROPERTIES 命令改变对象属性 104

4.5.2 对象特性匹配 104

4.6 实训——使用复制、旋转等命令绘图 105

4.7 综合案例——使用编辑命令绘图 107

4.8 习题 109

第 5 章 参数化绘图 111

5.1 功能讲解——几何约束 111

5.1.1 添加几何约束 111

5.1.2 编辑几何约束 113

5.1.3 修改已添加几何约束的对象 114

5.2 功能讲解——尺寸约束 115

5.2.1 添加尺寸约束 115

5.2.2 编辑尺寸约束 118

5.2.3 用户变量及方程式 119

5.3 范例解析——参数化绘图的一般步骤 121

5.4 实训——添加几何约束及尺寸约束 125

5.5 综合案例——利用参数化功能绘图 126

5.6 习题 126

第 6 章 书写文字 128

6.1 功能讲解——书写文字的方法 128

6.1.1 创建国标文字样式及书写单行文字 128

6.1.2 修改文字样式 131

6.1.3 在单行文字中加入特殊符号 132

6.1.4 创建多行文字 132

6.1.5 添加特殊字符 133

6.1.6 创建分数及公差形式文字 135

6.1.7 编辑文字 135

6.2 范例解析——填写明细表及创建多行文字 136

6.3 功能讲解——创建表格对象 137

6.3.1 表格样式 137

6.3.2 创建及修改空白表格 139

6.4 范例解析——使用 TABLE 命令创建及填写标题栏 141

6.5 实训——书写及编辑文字 142

6.6 综合案例——在图样中添加文字及特殊符号 143

6.7 习题 143

第7章 标注尺寸 145

7.1 功能讲解——标注尺寸的方法 145

7.1.1 创建国标尺寸样式 145

7.1.2 创建长度型尺寸 148

7.1.3 创建对齐尺寸标注 149

7.1.4 创建连续型和基线型尺寸标注 149

7.1.5 创建角度尺寸 151

7.1.6 创建直径型和半径型尺寸 152

7.1.7 利用角度尺寸样式簇标注角度 153

7.1.8 标注尺寸公差及形位公差 155

7.1.9 引线标注 156

7.1.10 编辑尺寸标注 158

7.2 范例解析 160

7.2.1 标注平面图形 160

7.2.2 插入图框、标注零件尺寸及表面粗糙度 161

7.3 实训——创建及编辑尺寸标注 162

7.4 综合案例——标注零件图 163

7.5 习题 165

第8章 零件图 166

8.1 范例解析——绘制典型零件图 166

8.1.1 轴套类零件 166

8.1.2 盘盖类零件 169

8.1.3 叉架类零件 172

8.1.4 箱体类零件 175
8.2 实训——绘制零件图 179
8.3 习题 180

第9章 装配图 182

9.1 范例解析 182
9.1.1 根据装配图拆绘零件图 182
9.1.2 检验零件间装配尺寸的正确性 183
9.1.3 由零件图组合装配图 184
9.1.4 标注零件序号 186
9.1.5 编写明细表 187
9.2 实训——绘制装配图 188
9.3 习题 188

第10章 查询信息、块及外部参照 189

10.1 功能讲解——获取图形信息的方法 189
10.1.1 获取点的坐标 189
10.1.2 测量距离及长度 189
10.1.3 测量半径及直径 190
10.1.4 测量角度 190
10.1.5 计算图形面积及周长 191
10.1.6 列出对象的图形信息 192
10.2 范例解析——查询图形信息综合练习 193
10.3 功能讲解——图块及块属性 194
10.3.1 定制及插入标准件块 194
10.3.2 创建及使用块属性 196
10.3.3 编辑块的属性 198
10.3.4 参数化的动态块 199
10.3.5 利用表格参数驱动动态块 201
10.4 范例解析——块及属性综合练习 203
10.5 功能讲解——外部参照 204
10.5.1 引用外部图形 204
10.5.2 更新外部引用 206
10.5.3 转化外部引用文件的内容为当前图样的一部分 207
10.6 范例解析——使用外部参照 208
10.7 实训——查询图形信息、块及外部参照练习 208
10.8 习题 209

第 11 章　打印图形 211

11.1　功能讲解——了解打印过程及设置打印参数 211
11.1.1　打印图形的过程 211
11.1.2　选择打印设备 213
11.1.3　使用打印样式 213
11.1.4　选择图纸幅面 214
11.1.5　设定打印区域 216
11.1.6　设定打印比例 217
11.1.7　设定着色打印 218
11.1.8　调整图形打印方向和位置 219
11.1.9　预览打印效果 220
11.1.10　保存打印设置 220

11.2　范例解析 221
11.2.1　打印单张图纸 221
11.2.2　将多张图纸布置在一起打印 222

11.3　习题 224

第 12 章　三维建模 225

12.1　功能讲解——三维建模基础 225
12.1.1　三维建模空间 225
12.1.2　用标准视点观察模型 226
12.1.3　三维动态旋转 227
12.1.4　视觉样式 228
12.1.5　创建三维基本立体 230
12.1.6　将二维对象拉伸成实体或曲面 231
12.1.7　旋转二维对象形成实体或曲面 233
12.1.8　通过扫掠创建实体或曲面 234
12.1.9　通过放样创建实体或曲面 235
12.1.10　加厚曲面形成实体 237
12.1.11　利用平面或曲面切割实体 237
12.1.12　螺旋线、涡状线及弹簧 238
12.1.13　与实体显示有关的系统变量 239
12.1.14　用户坐标系 240
12.1.15　使坐标系的 xy 平面与屏幕对齐 241

12.2　范例解析——利用布尔运算构建复杂实体模型 241

12.3　实训——创建 V 形导轨实体模型 243

12.4　习题 243

第 13 章 编辑三维模型 245

13.1 功能讲解——调整模型位置及编辑实体表面 245

   13.1.1 显示及操作小控件 245

   13.1.2 利用小控件编辑模式移动、旋转及缩放对象 246

   13.1.3 3D 移动 247

   13.1.4 3D 旋转 248

   13.1.5 3D 缩放 249

   13.1.6 3D 阵列 250

   13.1.7 3D 镜像 251

   13.1.8 3D 对齐 252

   13.1.9 3D 倒圆角及倒角 253

   13.1.10 拉伸面 254

   13.1.11 旋转面 255

   13.1.12 压印 256

   13.1.13 抽壳 256

13.2 范例解析——编辑实体表面形成新特征 257

13.3 实训——创建固定圈模型 258

13.4 习题 258

第1章 AutoCAD 绘图环境及基本操作

【学习目标】

- AutoCAD 2015 用户界面的组成。
- 调用 AutoCAD 命令的方法。
- 选择对象的常用方法。
- 快速缩放、移动图形及全部缩放图形。
- 重复命令和取消已执行的操作。
- 图层、线型及线宽等。
- 输入点的坐标画线。
- 修剪及延伸线条。

通过学习本章，读者可以熟悉 AutoCAD 2015 的用户界面并掌握一些基本操作。

1.1 功能讲解——了解用户界面及学习基本操作

本节将介绍 AutoCAD 2015 用户界面的组成，并讲解一些常用的基本操作。

1.1.1 AutoCAD 2015 用户界面

启动 AutoCAD 2015 后，打开的【新选项卡】界面如图 1-1 所示，单击 开始绘制 图标，打开的 AutoCAD 主界面如图 1-2 所示，主界面主要由菜单浏览器、快速访问工具栏、功能区、绘图窗口、命令提示窗口、状态栏及导航栏等部分组成，下面分别介绍各部分的功能。

图1-1 【新选项卡】界面

图1-2　AutoCAD 2015 用户界面

(1)　菜单浏览器。

单击【菜单浏览器】按钮，展开菜单浏览器，如图 1-3 所示。该菜单包含【新建】、【打开】及【保存】等常用选项。在菜单浏览器顶部的搜索栏中输入关键字或短语，就可定位相应的菜单命令。选择搜索结果，即可执行该命令。

单击菜单浏览器顶部的按钮，显示最近使用的文件。单击按钮，显示已打开的所有图形文件。将鼠标光标悬停在文件名上时，将显示预览图片及文件路径、修改日期等信息。

(2)　快速访问工具栏。

快速访问工具栏用于存放经常访问的命令按钮，在按钮上单击鼠标右键，弹出快捷菜单，如图 1-4 所示。选择【自定义快速访问工具栏】命令可以向工具栏中添加按钮；选择【从快速访问工具栏中删除】命令就可删除相应按钮。

图1-3　菜单浏览器

图1-4　快捷菜单

单击快速访问工具栏上的▾按钮，选择【显示菜单栏】选项，将显示 AutoCAD 主菜单。

除快速访问工具栏外，AutoCAD 还提供了许多其他工具栏。在菜单命令【工具】/【工具栏】/【AutoCAD】下选择相应的选项，即可打开相应的工具栏。

(3) 功能区。

功能区由【默认】、【插入】及【注释】等选项卡组成，如图 1-5 所示。每个选项卡又由多个面板组成，如【默认】选项卡是由【绘图】、【修改】及【图层】等面板组成的。面板上布置了许多命令按钮及控件。

图1-5　功能区

单击功能区顶部的▭按钮，展开或收拢功能区。

单击某一面板上的▾按钮，展开该面板。单击▭按钮，固定面板。

用鼠标右键单击任一选项卡标签，弹出快捷菜单。选择【显示选项卡】命令下的选项卡名称，可打开或关闭相应选项卡。

选择菜单命令【工具】/【选项板】/【功能区】，可打开或关闭功能区，对应的命令为RIBBON 及 RIBBONCLOSE。

在功能区顶部位置单击鼠标右键，弹出快捷菜单。选择【浮动】命令，不仅可以移动功能区，还能改变功能区的形状。

(4) 绘图窗口。

绘图窗口是用户绘图的工作区域，该区域无限大，其左下方有一个表示坐标系的图标，此图标指示了绘图区的方位。图标中的箭头分别指示 x 轴和 y 轴的正方向。

绘图窗口包含了两种绘图环境：一种称为模型空间，另一种称为图纸空间。在此窗口底部有 3 个选项卡 模型 布局1 布局2 ，默认情况下，【模型】选项卡是按下的，表明当前绘图环境是模型空间，用户在这里一般按实际尺寸绘制二维或三维图形。当选择【布局 1】或【布局 2】选项卡时，就切换至图纸空间。用户可以将图纸空间想象成一张图纸（系统提供的模拟图纸），在这张图纸上可将模型空间的图样按不同缩放比例布置在图纸上。

(5) 命令提示窗口。

命令提示窗口位于 AutoCAD 程序窗口的底部，用户输入的命令、系统的提示及相关信息都反映在此窗口中。默认情况下，该窗口仅显示一行，将鼠标光标放在窗口的上边缘，鼠标光标变成双面箭头，按住鼠标左键向上拖动鼠标光标就可以增加命令窗口显示的行数。

按 F2 键打开命令提示窗口，再次按 F2 键又可关闭此窗口。

(6) 导航栏。

导航栏位于绘图窗口的右侧，其上集成了平移、缩放及 SteeringWheels 等工具按钮。利用导航栏右下角的按钮可以自定义导航栏。

(7) 状态栏。

状态栏上将显示绘图过程中的许多信息，如十字形光标的坐标值、一些提示文字等，还包含许多绘图辅助工具。单击状态栏右侧的 ☰ 按钮可打开或关闭状态栏显示的内容按钮。

利用状态栏上的 ⚙ 按钮可以切换工作空间、另存或自定义工作空间。工作空间是AutoCAD 用户界面中包含的工具栏、面板及选项板等的组合。当用户绘制二维或三维图形时，就切换到相应的工作空间，此时 AutoCAD 仅显示出与绘图任务密切相关的工具栏及面板等，而隐藏一些不必要的界面元素。

单击 ⚙ 按钮，弹出快捷菜单，该快捷菜单上列出了 AutoCAD 的工作空间名称，选择其中之一，就切换到相应的工作空间。AutoCAD 提供的默认工作空间有以下 3 个。

- 草图与注释。
- 三维基础。
- 三维建模。

1.1.2　用 AutoCAD 绘图的基本过程

下面通过一个练习演示用 AutoCAD 绘制图形的基本过程。

【练习1-1】：　用 AutoCAD 绘制一个简单图形。

1. 启动 AutoCAD 2015。
2. 单击 A 图标，选择【新建】/【图形】选项（或单击快速访问工具栏上的 □ 按钮创建新图形），打开【选择样板】对话框，如图 1-6 所示。该对话框中列出了许多用于创建新图形的样板文件，默认的样板文件是 "acadiso.dwt"。单击 打开(D) 按钮，开始绘制新图形。

图1-6　【选择样板】对话框

3. 按下状态栏上的 ⊕、∠ 及 ⊓ 按钮。注意，要关闭 ▦、⊿ 和 ⊢ 按钮（默认是按下的）。
4. 单击【默认】选项卡中【绘图】面板上的 ／ 按钮，AutoCAD 提示如下。

```
命令: _line 指定第一点:          //单击 A 点，如图 1-7 所示
指定下一点或 [放弃(U)]: 520      //向下移动鼠标光标，输入线段长度并按 Enter 键
指定下一点或 [放弃(U)]: 300      //向右移动鼠标光标，输入线段长度并按 Enter 键
指定下一点或 [闭合(C)/放弃(U)]: 130 //向下移动鼠标光标，输入线段长度并按 Enter 键
指定下一点或 [闭合(C)/放弃(U)]: 800 //向右移动鼠标光标，输入线段长度并按 Enter 键
指定下一点或 [闭合(C)/放弃(U)]: c  //输入选项 "C"，按 Enter 键结束命令
```

结果如图 1-7 所示。

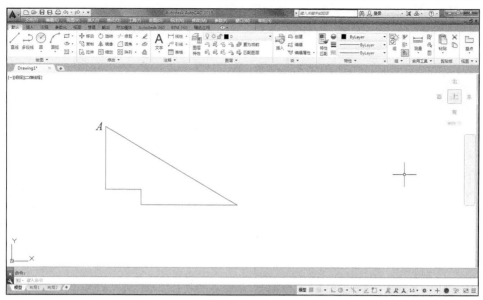

图1-7　绘制线段

5. 按 Enter 键重复画线命令，绘制线段 BC，如图 1-8 所示。

图1-8　绘制线段 BC

6. 单击程序窗口上部的 按钮，线段 BC 消失；再单击该按钮，连续折线也消失。单击 按钮，连续折线又显示出来；继续单击该按钮，线段 BC 也显示出来。

7. 输入画圆命令全称 CIRCLE 或简称 C，AutoCAD 提示如下。

命令：CIRCLE　　　　　　　　　　　　　　//输入命令，按 Enter 键确认

指定圆的圆心或 [三点(3P)/两点(2P)/切点、切点、半径(T)]：

　　　　　　　　　　　　　　　　　　//单击 D 点，指定圆心，如图 1-9 所示

指定圆的半径或 [直径(D)]：150　　　　//输入圆半径，按 Enter 键确认

结果如图 1-9 所示。

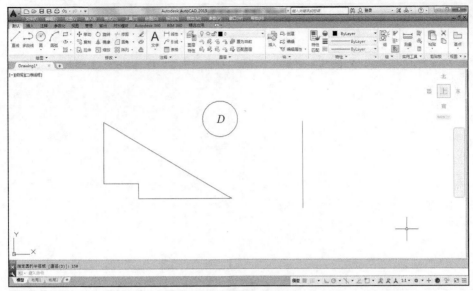

图1-9　画圆（1）

8. 单击【默认】选项卡中【绘图】面板上的 ⊘ 按钮，AutoCAD 提示如下。

  命令：_circle 指定圆的圆心或 [三点(3P)/两点(2P)/切点、切点、半径(T)]:

    //将鼠标光标移动到端点 A 处，系统自动捕捉该点，单击鼠标左键确认，如图 1-10 所示

  指定圆的半径或 [直径(D)] <150.0000>: 200 　　　　//输入圆半径，按 Enter 键

结果如图 1-10 所示。

图1-10　画圆（2）

9. 单击屏幕右侧导航栏上的 ⍝ 按钮，鼠标光标变成手的形状 ⍝ ，按住鼠标左键向右拖动鼠标光标，直至图形不可见为止。按 Esc 键或 Enter 键退出。

10. 单击导航栏上的 ⍗ 按钮，图形又全部显示在窗口中，如图 1-11 所示。

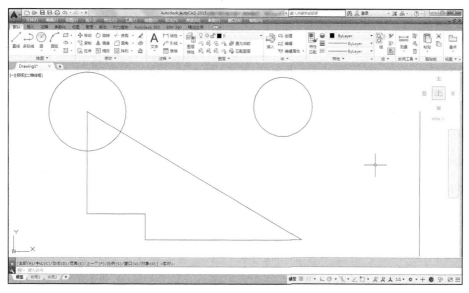

图1-11 显示全部图形

11. 单击导航栏 按钮下边的 按钮，在弹出的菜单中选择【实时缩放】，鼠标光标变成放大镜形状 ，此时按住鼠标左键向下拖动鼠标光标，图形缩小，如图 1-12 所示。按 Esc 键或 Enter 键退出，也可单击鼠标右键，弹出快捷菜单，选择【退出】命令。该快捷菜单上的【范围缩放】命令可使图形充满整个图形窗口显示。

图1-12 缩小图形

12. 单击【默认】选项卡中【修改】面板上的 按钮（删除对象），AutoCAD 提示如下。

命令: _erase

选择对象: //单击 F 点，如图 1-13 左图所示

指定对角点: 找到 4 个   //向右下方移动鼠标光标，出现一个实线矩形窗口

            //在 G 点处单击一点，矩形窗口内的对象被选中，被选对象变为虚线

选择对象: //按 Enter 键删除对象

命令:ERASE　　　　　　　　　　　//按 Enter 键重复命令

选择对象:　　　　　　　　　　　　//单击 H 点

指定对角点: 找到 2 个　　　　　　//向左下方移动鼠标光标，出现一个虚线矩形窗口

　　　　　　　　　　　　　//在 I 点处单击一点，矩形窗口内及与该窗口相交的所有对象都被选中

选择对象:　　　　　　　　　　　　//按 Enter 键删除圆和直线

结果如图 1-13 右图所示。

图1-13　删除对象

13. 单击 图标，选择【另存为】选项（或单击快速访问工具栏上的 按钮），弹出【图形另存为】对话框，在该对话框的【文件名】文本框中输入新文件名。该文件默认类型为"dwg"，若想更改，可在【文件类型】下拉列表中选择其他类型。

1.1.3　调用命令

启动 AutoCAD 命令的方法一般有两种：一种是在命令行中输入命令全称或简称，另一种是用鼠标光标选择一个菜单命令或单击工具栏中的命令按钮。

使用命令行输入命令时，系统会自动显示一个命令列表，用户可以从中进行选择。使用 AUTOCOMPLETE 命令可以关闭自动功能，也可以控制使用哪些自动功能。

命令行还有搜索的功能，输入命令的开头或中间的几个字母，AutoCAD 就会弹出包含这些字母的所有命令。移动鼠标光标到某个命令上，系统将显示出该命令的功能简介。此外，命令右边出现带问号及地球标志的按钮，单击按钮将打开帮助文件或启动 Google 进行搜索。

除搜索命令外，还可通过命令行查找文件中包含的图层、文字样式、标注样式及图块等命名对象，方法与搜索命令相同。在显示的结果列表中，选择某一命名对象，就完成相应的切换操作，如切换图层或者改变当前的标注样式等。

AutoCAD 的命令执行过程是交互式的，当输入命令或必要的绘图参数后，需按 Enter 键或空格键确认，系统才执行该命令。一个典型的命令执行过程如下。

命令: circle　　　　　　　　　//输入画圆命令全称 CIRCLE 或简称 C，按 Enter 键

指定圆的圆心或 [三点(3P)/两点(2P)/切点、切点、半径(T)]:　90,100

　　　　　　　　　　　　　　　　　//输入圆心的 x、y 坐标，按 Enter 键

指定圆的半径或 [直径(D)] <50.7720>: 70　　//输入圆半径，按 Enter 键

(1) 方括号"[ ]"中以"/"隔开的内容表示各个选项。若要选择某个选项，则需输入圆括号中的字母，字母可以是大写形式，也可以是小写形式，还可以用鼠标光标点选该选项。例如，想通过三点画圆，就单击"三点(3P)"选项，或输入"3P"。

(2) 尖括号"<>"中的内容是当前默认值。

当使用某一命令时按 F1 键，AutoCAD 将显示该命令的帮助信息。也可将鼠标光标在命令按钮上放置片刻，则 AutoCAD 在按钮附近显示该命令的简要提示信息。

1.1.4　鼠标操作

用 AutoCAD 绘图时，鼠标的使用是很频繁的，各按键功能如下。

- 左键：拾取键，用于单击工具栏按钮及选取菜单选项以发出命令，也可在绘图过程中指定点和选择图形对象等。
- 右键：一般作为回车键，有确认及重复命令的功能。无论是否启动命令，单击右键将弹出快捷菜单，该菜单上提供有【确认】、【取消】及【重复】等命令。这些命令与光标位置及 AutoCAD 的当前状态有关。例如，将鼠标光标放在作图区域、工具栏或功能区内然后单击鼠标右键，弹出的快捷菜单是不一样的。
- 滚轮：向前转动滚轮，放大图形；向后转动滚轮，缩小图形。默认情况下，缩放增量为 10%。按住鼠标滚轮并拖动鼠标光标，则平移图形。双击滚轮，全部缩放图形。

1.1.5　选择对象的常用方法

用户在使用编辑命令时，选择的多个对象将构成一个选择集。系统提供了多种构造选择集的方法。默认情况下，用户可以逐个地拾取对象或是利用矩形、交叉窗口一次选取多个对象。

一、　用矩形窗口选择对象

在图形元素的左上角或左下角单击一点，向右移动鼠标光标，出现一个实线矩形框，再单击一点，则矩形框中的所有对象（不包括与矩形边相交的对象）被选中，被选中的对象以虚线形式表示出来，如图 1-14 左图所示。

二、　用交叉窗口选择对象

在图形元素右上角或右下角单击一点，然后向左移动鼠标光标，出现一个虚线矩形框，再单击一点，则框内的对象和与框边相交的对象全部被选中，被选中的对象以虚线形式表示出来，如图 1-14 右图所示。

图1-14　用矩形窗口或交叉窗口选择对象

三、　给选择集添加或去除对象

编辑过程中，用户构造选择集常常不能一次完成，需向选择集中添加或从选择集中去除对象。在添加对象时，可直接选取或利用矩形窗口、交叉窗口选择要加入的图形元素。若要去除对象，可先按住 Shift 键，再从选择集中选择要清除的图形元素。

例如，先选择所有对象，如图 1-15 左图所示，再按住 Shift 键选择要去除的两个圆，则最后的选择集中只有矩形，如图 1-15 右图所示。

图1-15　修改选择集

1.1.6　删除对象

ERASE 命令用来删除图形对象，该命令没有任何选项。要删除一个对象，用户可以先用鼠标光标选择该对象，然后单击【修改】面板上的 按钮，或者键入命令 ERASE（命令简称 E）。也可先发出删除命令，再选择要删除的对象。

1.1.7　撤销和重复命令

发出某个命令后，用户可随时按 Esc 键终止该命令。此时，系统又返回到命令行。

用户经常遇到的一个情况是在图形区域内偶然选择了图形对象，该对象上出现了一些高亮的小框。这些小框被称为关键点，可用于编辑对象（在第 4 章中将详细介绍），要取消这些关键点，按 Esc 键即可。

在绘图过程中，用户会经常重复使用某个命令，重复刚使用过的命令的方法是直接按 Enter 键。

1.1.8　取消已执行的操作

在使用 AutoCAD 绘图的过程中，不可避免地会出现各种各样的错误，用户要修正这些错误可使用 UNDO（命令简称 U）命令或单击快速访问工具栏上的 按钮。如果想要取消前面执行的多个操作，可反复使用 UNDO 命令或反复单击 按钮。此外，也可单击 按钮右边的 按钮，然后选择要放弃的几个操作。

当取消一个或多个操作后，若又想恢复原来的效果，用户可使用 MREDO 命令或单击快速访问工具栏上的 按钮。此外，也可单击 按钮右边的 按钮，然后选择要恢复的几个操作。

1.1.9　快速缩放及移动图形

AutoCAD 的图形缩放及移动功能是很完备的，使用起来也很方便。绘图时，经常通过导航栏上的 、 按钮来完成这两项功能。此外，不论 AutoCAD 命令是否运行，单击鼠标右键，弹出快捷菜单，该菜单上的【缩放】及【平移】命令也能实现同样的功能。

一、缩放图形

单击导航栏上的 按钮，AutoCAD 进入实时缩放状态，鼠标光标变成放大镜形状 ，此时按住鼠标左键向上拖动鼠标光标，就可以放大视图，向下拖动鼠标光标就可缩小视图。要退出实时缩放状态，可按 Esc 键、Enter 键或单击鼠标右键打开快捷菜单，然后选择【退出】命令。

二、 平移图形

单击 🖐 按钮，或选择右键快捷菜单上的【平移】命令，AutoCAD 进入实时平移状态，鼠标光标变成手的形状 🖐 ，此时按住鼠标左键并拖动鼠标光标，就可以平移视图。要退出实时平移状态，可按 Esc 键、Enter 键或单击鼠标右键打开快捷菜单，然后选择【退出】命令。

1.1.10 窗口放大、全部显示及返回上一次的显示

在绘图过程中，用户经常要将图形的局部区域放大，以方便绘图。绘制完成后，又要全部显示图形或返回上一次的显示，以观察图形的整体效果。此缩放过程可用以下操作方式实现。

(1) 利用矩形窗口放大局部区域。

单击导航栏上的 🔍 按钮，AutoCAD 提示"指定第一角点"，拾取 A 点，再根据提示拾取 B 点，如图 1-16 左图所示。矩形框 AB 是设定的放大区域，其中心是新的显示中心，系统尽可能地将该矩形内的图形放大以充满整个程序窗口，图 1-16 右图显示了放大后的效果。

单击鼠标右键，选择【缩放】命令，再次单击鼠标右键，选择【窗口缩放】命令，按住鼠标左键拖出一个矩形窗口，则该矩形内的图形被放大至充满整个程序窗口。

图1-16 利用矩形窗口放大视图

(2) 全部显示。

双击鼠标滚轮，将所有图形对象充满图形窗口显示出来。

单击鼠标右键，选择【缩放】命令，再次单击鼠标右键，选择【范围缩放】命令，则全部图形充满整个程序窗口显示出来。

(3) 返回上一次的显示。

单击导航栏上的 🔍 按钮，返回上一次的显示。若连续使用此选项，则系统将恢复前几次（最多 10 次）显示过的图形。绘图时，常利用此项功能返回到原来的某个视图。

1.1.11 设定绘图区域的大小

AutoCAD 的绘图空间是无限大的，但用户可以设定在程序窗口中显示出的绘图区域的大小。绘图时，事先对绘图区域的大小进行设定，将有助于用户了解图形分布的范围。当然，也可在绘图过程中随时缩放（使用 🔍 按钮）图形，以控制其在屏幕上的显示效果。

设定绘图区域的大小有以下两种方法。

(1) 将一个圆充满整个程序窗口显示出来，依据圆的尺寸就能轻易地估计出当前绘图区域的大小了。

【练习1-2】：　设定绘图区域的大小。

1.　单击【绘图】面板上的 按钮，AutoCAD 提示如下。

　　　　命令：_circle 指定圆的圆心或 [三点(3P)/两点(2P)/切点、切点、半径(T)]：
　　　　　　　　　　　　　　　　　　　　　　　//在屏幕的适当位置单击一点

　　　　指定圆的半径或 [直径(D)]：50　　　　　　　//输入圆半径

2.　双击鼠标滚轮，直径为 100 的圆充满整个绘图窗口显示出来，如图 1-17 所示，则当前窗口的高度为100。

图1-17　设定绘图区域的大小（1）

　　(2)　用 LIMITS 命令设定绘图区域的大小，该命令可以改变栅格的长宽尺寸及位置。所谓栅格是点在矩形区域中按行、列形式分布形成的图案，如图 1-18 所示。当栅格在程序窗口中显示出来后，用户就可根据栅格分布的范围估算出当前绘图区域的大小了。

【练习1-3】：　用 LIMITS 命令设定绘图区域的大小。

1.　选取菜单命令【格式】/【图形界限】，AutoCAD 提示如下。

　　　　命令：_limits
　　　　指定左下角点或 [开(ON)/关(OFF)] <0.0000,0.0000>:100,80
　　　　　　　　　　　　　　//输入 A 点的 x、y 坐标值，或任意单击一点，如图 1-18 所示
　　　　指定右上角点 <420.0000,297.0000>: @150,200
　　　　　　　　//输入 B 点相对于 A 点的坐标，按 Enter 键（在 1.5.1 小节中将介绍相对坐标）

2.　双击鼠标滚轮，使设定的绘图区域充满图形窗口显示出来，则当前绘图窗口长宽尺寸近似为 150×200。

3.　将鼠标光标移动到程序窗口下方的 ▦ 按钮上，单击鼠标右键，选择【捕捉设置】命令，打开【草图设置】对话框，取消选取【显示超出界限的栅格】复选项。

4.　关闭【草图设置】对话框，单击 ▦ 按钮，打开栅格显示。再单击导航栏上的 🔍 按钮，适当缩小栅格，结果如图 1-18 所示，该栅格的长宽尺寸为 150×200。

图1-18 设定绘图区域的大小（2）

1.2 范例解析——布置用户界面及设定绘图区域大小

【练习1-4】： 布置用户界面，练习 AutoCAD 基本操作。

1. 启动 AutoCAD，单击状态栏上的 ⚙ 按钮，选择【草图与注释】选项。

2. 选择菜单命令【工具】/【工具栏】/【AutoCAD】/【绘图】，打开【绘图】工具栏。用同样的方法打开【修改】工具栏，调整工具栏的位置，如图 1-19 所示。

3. 在功能区的选项卡上单击鼠标右键，选择【浮动】命令，调整功能区的位置，如图 1-19 所示。

图1-19 新的用户界面

4. 利用 AutoCAD 提供的样板文件 "acadiso.dwt" 创建新文件。

5. 设定绘图区域的大小为 1500×1200。打开栅格显示，单击鼠标右键，选择【缩放】命令，再次单击鼠标右键，选择【范围缩放】命令，使栅格充满整个图形窗口显示出来。

6. 单击【绘图】工具栏上的⊘按钮，AutoCAD 提示如下。

```
命令: _circle 指定圆的圆心或 [三点(3P)/两点(2P)/切点、切点、半径(T)]:
                                                    //在屏幕上单击一点
指定圆的半径或 [直径(D)] <30.0000>: 1              //输入圆半径
命令:                                               //按 Enter 键重复上一个命令
CIRCLE 指定圆的圆心或 [三点(3P)/两点(2P)/切点、切点、半径(T)]:
                                                    //在屏幕上单击一点
指定圆的半径或 [直径(D)] <1.0000>: 5               //输入圆半径
命令:                                               //按 Enter 键重复上一个命令
CIRCLE 指定圆的圆心或 [三点(3P)/两点(2P)/ 切点、切点、半径(T)]: *取消*
                                                    //按 Esc 键取消命令
```

7. 单击导航栏上的⊠按钮，使圆充满整个绘图窗口。

8. 利用导航栏上的🖐、⊠按钮移动和缩放图形。

9. 以文件名 "User.dwg" 保存图形。

1.3　功能讲解——设置图层、线型、线宽及颜色

可以将 AutoCAD 的图层想象成透明胶片，用户把各种类型的图形元素绘制在这些胶片上，然后将这些胶片叠加在一起显示出来，如图 1-20 所示。在图层 A 上绘制了挡板，图层 B 上绘制了支架，图层 C 上绘制了螺钉，最终显示结果是各图层内容叠加后的效果。

图1-20　图层

1.3.1　创建及设置机械图的图层

AutoCAD 的图形对象总是位于某个图层上。默认情况下，当前层是 0 层，此时所画图形对象在 0 层上。每个图层都有与其相关联的颜色、线型及线宽等属性信息，用户可以对这些信息进行设定或修改。

【练习1-5】： 创建以下图层并设置图层线型、线宽及颜色。

名称	颜色	线型	线宽
轮廓线层	白色	Continuous	0.5
中心线层	红色	Center	默认
虚线层	黄色	dashed	默认
剖面线层	绿色	Continuous	默认
尺寸标注层	绿色	Continuous	默认
文字说明层	绿色	Continuous	默认

1. 创建第一个图层。单击【图层】面板上的 按钮，打开【图层特性管理器】对话框，再单击 按钮，列表框显示出名称为"图层 1"的图层，直接输入"轮廓线层"，按 Enter 键结束。

2. 创建其余图层。再次按 Enter 键，又创建新图层。总共创建 6 个图层，结果如图 1-21 所示。图层"0"前有绿色标记"√"，表示该图层是当前层。

图1-21 【图层特性管理器】对话框

3. 指定图层颜色。选中"中心线层"，单击与所选图层关联的图标 ■白，打开【选择颜色】对话框，选择红色，如图 1-22 所示。再设置其他图层的颜色。

图1-22 【选择颜色】对话框

4. 给图层分配线型。默认情况下，图层线型是"Continuous"。选中"中心线层"，单击与所选图层关联的"Continuous"，打开【选择线型】对话框，如图 1-23 所示。通过此对话框，用户可以选择一种线型或从线型库文件中加载更多线型。

(1) 单击 加载(L)... 按钮，打开【加载或重载线型】对话框，如图 1-24 所示。选择线型 "CENTER" 及 "DASHED"，再单击 确定 按钮，这些线型就被加载到系统中。当前线型库文件是 "acadiso.lin"，单击 文件(F)... 按钮，可选择其他的线型库文件。

图1-23　【选择线型】对话框

图1-24　【加载或重载线型】对话框

(2) 返回【选择线型】对话框，选择 "CENTER"，单击 确定 按钮，该线型就分配给 "中心线层"。用相同的方法将 "DASHED" 线型分配给 "虚线层"。

5. 设定线宽。选中 "轮廓线层"，单击与所选图层关联的图标 ── 默认，打开【线宽】对话框，指定线宽为 0.50mm，如图 1-25 所示。

 如果要使图形对象的线宽在模型空间中显示得更宽或更窄一些，可以调整线宽比例。单击状态栏的 ☰ 按钮选择【线宽】选项，在状态栏的 ▤ 按钮上单击鼠标右键，弹出快捷菜单，选择【线宽设置】命令，打开【线宽设置】对话框，如图 1-26 所示。用户可通过在【调整显示比例】分组框中移动滑块来改变显示比例值。

图1-25　【线宽】对话框

图1-26　【线宽设置】对话框

6. 指定当前层。选中 "轮廓线层"，单击 按钮，图层前出现绿色标记 "√"，说明 "轮廓线层" 变为当前层。

7. 关闭【图层特性管理器】对话框，单击【绘图】面板上的 按钮，绘制任意几条线段，这些线段的颜色为白色，线宽为 0.50mm。再设定 "中心线层" 或 "虚线层" 为当前层，绘制线段，观察效果。

 中心线及虚线中的短画线和空格大小可通过线型全局比例因子（LTSCALE）调整，详见 1.3.4 小节。

1.3.2　控制图层状态

每个图层都具有打开与关闭、冻结与解冻、锁定与解锁、打印与不打印等状态，通过改变图层状态，就能控制图层上对象的可见性及可编辑性等。用户可通过【图层特性管理器】对话框或【图层】面板上的【图层控制】下拉列表对图层状态进行控制，如图 1-27 所示。

图1-27　控制图层状态

下面对图层状态做简要说明。

- 打开/关闭：单击 💡 图标，将关闭或打开某一图层。打开的图层是可见的，而关闭的图层则不可见，也不能被打印。当图形重新生成时，被关闭的层将一起被生成。
- 解冻/冻结：单击 ☼ 图标，将冻结或解冻某一图层。解冻的图层是可见的，冻结的图层为不可见，也不能被打印。当重新生成图形时，系统不再重新生成被冻结图层上的对象，因而冻结一些图层后，可以加快许多操作的速度。
- 解锁/锁定：单击 🔓 图标，将锁定或解锁某一图层。被锁定的图层是可见的，但图层上的对象不能被编辑。
- 打印/不打印：单击 🖶 图标，就可设定图层是否被打印。

对不需要的图层，可进行删除。单击【图层特性管理器】中的 按钮，可删除选中的图层，但"0"层及包含图形对象的层不能被删除。去除图层的另一方法是合并图层，在【图层特性管理器】中选中一个或多个图层，单击鼠标右键，选择【将选定图层合并到】命令，然后指定目标层（不能是当前层），选择的图层就合并成目标层并被删除，层上的对象转移到目标层上。

1.3.3　修改对象图层、颜色、线型和线宽

用户通过【特性】面板上的【颜色控制】、【线型控制】和【线宽控制】下拉列表可以方便地修改或设置对象的颜色、线型及线宽等属性，如图 1-28 所示。默认情况下，这 3 个列表框中显示【BYLAYER】，"BYLAYER"的意思是所绘对象的颜色、线型及线宽等属性与当前层所设定的完全相同。

当要设置将要绘制的对象的颜色、线型及线宽等属性时，可直接在【颜色控制】、【线型控制】和【线宽控制】下拉列表中选择相应的选项。

若要修改已有对象的颜色、线型及线宽等属性时，可先选择对象，然后在【颜色控制】、【线型控制】和【线宽控制】下拉列表中选择新的颜色、线型及线宽。

17

图1-28　【特性】面板

【练习1-6】：　控制图层状态、切换图层、修改对象所在的图层及改变对象的线型和线宽。

1. 打开附盘文件 "dwg\第 1 章\1-6.dwg"。

2. 打开【图层】面板中的【图层控制】下拉列表，单击尺寸标注层前面的 图标，然后将鼠标光标移出下拉列表并单击一点，关闭图层，则该层上的对象变为不可见。

3. 打开【图层控制】下拉列表，单击轮廓线层前面的 图标，然后将鼠标光标移出下拉列表并单击一点，冻结图层，则该层上的对象变为不可见。

4. 选中所有黄色线条，则【图层控制】列表显示这些线条所在的图层——虚线层。在该列表中选择中心线层，操作结束后，列表框自动关闭，被选对象转移到中心线层上。

5. 展开【图层控制】下拉列表，单击尺寸标注层前面的 图标，再单击轮廓线层前面的 图标，打开尺寸标注层及解冻轮廓线层，则两个图层上的对象变为可见。

6. 选中所有图形对象，打开【特性】面板上的【颜色控制】下拉列表，从列表中选择蓝色，则所有对象变为蓝色。改变对象线型及线宽的方法与修改对象颜色类似。

1.3.4　修改非连续线的外观

非连续线是由短横线、空格等构成的重复图案，图案中短线长度、空格大小由线型比例控制。用户绘图时常会遇到这样一种情况：本来想画虚线或点画线，但最终绘制出的线型看上去却和连续线一样，出现这种现象的原因是线型比例设置得太大或太小。

LTSCALE 是控制线型外观的全局比例因子，它将影响图样中所有非连续线型的外观，其值增加时，将使非连续线中的短横线及空格加长，否则，会使它们缩短。图 1-29 所示显示了使用不同比例因子时虚线及点画线的外观。

LTSCALE=1.5　　　　LTSCALE=3.0

图1-29　修改非连续线的外观

【练习1-7】：　改变线型全局比例因子。

1. 打开【特性】面板上的【线型控制】下拉列表，如图 1-30 所示。

2. 在此下拉列表中选取【其他】选项，打开【线型管理器】对话框，再单击 显示细节 (D) 按钮，则该对话框底部出现【详细信息】分组框，如图 1-31 所示。

图1-30　【特性】面板　　　　　　　　　　　　图1-31　【线型管理器】对话框

3. 在【详细信息】分组框的【全局比例因子】文本框中输入新的比例值。

1.4　范例解析——使用图层及修改线型比例

【练习1-8】：　这个练习的内容包括创建图层、改变图层状态、将图形对象修改到其他图层上及修改线型比例。

1. 打开附盘文件 "dwg\第 1 章\1-8.dwg"。
2. 创建以下图层。

名称	颜色	线型	线宽
尺寸标注	绿色	Continuous	默认
文字说明	绿色	Continuous	默认

3. 关闭"轮廓线"、"剖面线"及"中心线"层，将尺寸标注及文字说明分别修改到"尺寸标注"及"文字说明"层上。
4. 修改全局线型比例因子为 0.5，然后打开"轮廓线"、"剖面线"及"中心线"层。

1.5　功能讲解——画线的方法

本节的主要内容包括输入相对坐标画线、捕捉几何点、修剪线条及延伸线条等。

1.5.1　输入点的坐标画线

LINE 命令可在二维或三维空间中创建线段，发出命令后，用户通过鼠标光标指定线的端点或利用键盘输入端点坐标，AutoCAD 就将这些点连接成线段。

常用的点坐标形式如下。

- 绝对或相对直角坐标。绝对直角坐标的输入格式为 "x,y"，相对直角坐标的输入格式为 "$@x,y$"。x 表示点的 x 坐标值，y 表示点的 y 坐标值。两坐标值之间用 "," 分隔开。例如：（−60,30）、（40,70）分别表示图 1-32 中的 A、B 点。
- 绝对或相对极坐标。绝对极坐标输入格式为 "$R<\alpha$"，相对极坐标的输入格式为 "$@R<\alpha$"。R 表示点到原点的距离，α 表示极轴方向与 x 轴正向间的夹角。若从 x 轴正向逆时针旋转到极轴方向，则 α 角为正，否则，α 角为负。例如：

（70<120）、（50<－30）分别表示图 1-32 中的 C、D 点。

- 画线时若只输入"<α"，而不输入"R"，则表示沿 α 角度方向画任意长度的线段，这种画线方式称为角度覆盖方式。

图1-32　点的坐标

一、　命令启动方法

- 菜单命令：【绘图】/【直线】。
- 面板：【绘图】面板上的 ╱ 按钮。
- 命令：LINE 或简写 L。

【练习1-9】：　图形左下角点的绝对坐标及图形尺寸如图 1-33 所示，下面用 LINE 命令绘制此图形。

图1-33　用 LINE 命令绘图

1. 设定绘图区域大小为 80×80，该区域左下角点的坐标为（190,150），右上角点的相对坐标为（@80,80）。单击导航栏上的 ⊞ 按钮，使绘图区域充满整个图形窗口显示出来。
2. 单击【绘图】面板上的 ╱ 按钮或输入命令代号 LINE，启动画线命令。

命令：_line 指定第一点：200,160	//输入 A 点的绝对直角坐标，如图 1-34 所示
指定下一点或 [放弃(U)]：@66,0	//输入 B 点的相对直角坐标
指定下一点或 [放弃(U)]：@0,48	//输入 C 点的相对直角坐标
指定下一点或 [闭合(C)/放弃(U)]：@-40,0	//输入 D 点的相对直角坐标
指定下一点或 [闭合(C)/放弃(U)]：@0,-8	//输入 E 点的相对直角坐标
指定下一点或 [闭合(C)/放弃(U)]：@-17,0	//输入 F 点的相对直角坐标
指定下一点或 [闭合(C)/放弃(U)]：@26<-110	//输入 G 点的相对极坐标
指定下一点或 [闭合(C)/放弃(U)]：c	//使线框闭合

结果如图 1-34 所示。

图1-34 绘制线段 *AB*、*BC* 等

3. 请读者自行绘制图形的其余部分。

二、 命令选项

- 指定第一点：在此提示下，用户需指定线段的起始点，若此时按 Enter 键，则 AutoCAD 将以上一次所绘制线段或圆弧的终点作为新线段的起点。
- 指定下一点：在此提示下，输入线段的端点，按 Enter 键后，AutoCAD 继续 提示"指定下一点"，用户可输入下一个端点。若按 Enter 键，则命令结束。
- 放弃(U)：在"指定下一点"提示下，输入字母"U"，将删除上一条线段，多 次输入"U"，则会删除多条线段，该选项可以及时纠正绘图过程中的错误。
- 闭合(C)：在"指定下一点"提示下，输入字母"C"，AutoCAD 将使连续折线 自动封闭。

1.5.2 使用对象捕捉精确画线

用 LINE 命令画线的过程中，可启动对象捕捉功能以拾取一些特殊的几何点，如端点、圆心及切点等。【对象捕捉】工具栏中包含了各种对象捕捉工具，其中常用的捕捉工具的功能及命令代号如表 1-1 所示。

表 1-1　　　　　　　　　　对象捕捉工具及代号

捕捉按钮	代号	功能
	FROM	正交偏移捕捉。先指定基点，再输入相对坐标确定新点
	END	捕捉端点
	MID	捕捉中点
	INT	捕捉交点
	EXT	捕捉延伸点。从线段端点开始沿线段方向捕捉一点
	CEN	捕捉圆、圆弧、椭圆的中心
	QUA	捕捉圆、椭圆的0°、90°、180° 或270° 处的点——象限点
	TAN	捕捉切点
	PER	捕捉垂足
	PAR	平行捕捉。先指定线段起点，再利用平行捕捉绘制平行线
无	M2P	捕捉两点间连线的中点

【练习1-10】：　打开附盘文件"dwg\第 1 章\1-10.dwg"，如图 1-35 左图所示，使用 LINE 命
令将左图修改为右图。

图1-35　利用对象捕捉画线

1. 单击状态栏上的▢按钮，打开自动捕捉方式。再在此按钮上单击鼠标右键，选择【对象捕捉设置】命令，打开【草图设置】对话框，在该对话框的【对象捕捉】选项卡中设置自动捕捉类型为"端点"、"中点"及"交点"，如图 1-36 所示。或者单击▢按钮右侧的▾按钮弹出快捷菜单，选择自动捕捉类型。

图1-36　【草图设置】对话框

2. 绘制线段 BC、BD，B 点的位置用正交偏移捕捉确定，如图 1-35 右图所示。

　　命令：_line 指定第一点：from 　　//输入正交偏移捕捉代号"FROM"，按 Enter 键

　　基点：　　　　　//将鼠标光标移动到 A 点处，AutoCAD 自动捕捉该点，单击鼠标左键确认

　　<偏移>：@6,-6 　　　　　　　　　　　//输入 B 点的相对坐标

　　指定下一点或 [放弃(U)]：tan 到 　//输入切点代号"TAN"并按 Enter 键，捕捉切点 C

　　指定下一点或 [放弃(U)]：　　　　　　//按 Enter 键结束

　　命令：　　　　　　　　　　　　　　　//重复命令，按 Enter 键

　　LINE 指定第一点：　　　　　　　　　//自动捕捉端点 B

　　指定下一点或 [放弃(U)]：　　　　　　//自动捕捉端点 D

　　指定下一点或 [放弃(U)]：　　　　　　//按 Enter 键结束

结果如图 1-35 右图所示。

3. 绘制线段 EH、IJ，如图 1-35 右图所示。

命令：_line 指定第一点：   //自动捕捉中点 E

指定下一点或 [放弃(U)]： m2p   //输入捕捉代号 "M2P"，按 Enter 键

中点的第一点：   //自动捕捉端点 F

中点的第二点：   //自动捕捉端点 G

指定下一点或 [放弃(U)]：   //按 Enter 键结束

命令：   //重复命令，按 Enter 键

LINE 指定第一点： qua 于   //输入象限点代号捕捉象限点 I

指定下一点或 [放弃(U)]： per 到   //输入垂足代号捕捉垂足 J

指定下一点或 [放弃(U)]：   //按 Enter 键结束

结果如图 1-35 右图所示。

4. 绘制线段 LM、MN，如图 1-35 右图所示。

命令：_line 指定第一点： EXT   //输入延伸点代号 "EXT" 并按 Enter 键

于 8   //从 K 点开始沿线段进行追踪，输入 L 点与 K 点的距离

指定下一点或 [放弃(U)]： PAR   //输入平行偏移捕捉代号 "PAR" 并按 Enter 键

到 8   //将鼠标光标从线段 KO 处移动到 LM 处，再输入 LM 线段的长度

指定下一点或 [放弃(U)]：   //自动捕捉端点 N

指定下一点或 [闭合(C)/放弃(U)]：   //按 Enter 键结束

结果如图 1-35 右图所示。

调用对象捕捉功能的方法有以下 3 种。

(1) 绘图过程中，当 AutoCAD 提示输入一个点时，用户可通过单击捕捉按钮或输入捕捉命令代号来启动对象捕捉，然后将鼠标光标移动到要捕捉的特征点附近，AutoCAD 就自动捕捉该点。

(2) 启动对象捕捉的另一种方法是利用快捷菜单。发出 AutoCAD 命令后，按下 Shift 键并单击鼠标右键，弹出快捷菜单，用户可通过此菜单选择捕捉何种类型的点。

(3) 前面所述的捕捉方式仅对当前操作有效，命令结束后，捕捉模式自动关闭，这种捕捉方式称为覆盖捕捉方式。除此之外，用户可以采用自动捕捉方式来定位点，单击状态栏上的 □ 按钮，就可打开这种方式。

1.5.3 利用正交模式辅助画线

单击状态栏上的 按钮打开正交模式。在正交模式下鼠标光标只能沿水平或竖直方向移动。画线时若同时打开该模式，则只需输入线段的长度值，AutoCAD 就自动画出水平或竖直线段。

当调整水平或竖直方向线段的长度时，可利用正交模式限制线段的移动方向。选择线段，线段上出现关键点（实心矩形点），选中端点处的关键点，移动鼠标光标，就可以沿水平或竖直方向改变线段的长度。

1.5.4 剪断线条

使用 TRIM 命令可将多余线条修剪掉。启动该命令后，用户首先指定一个或几个对象作为剪切边（可以想象为剪刀），然后选择被修剪的部分。

一、 命令启动方法

- 菜单命令:【修改】/【修剪】。
- 面板:【修改】面板上的 <kbd>/-- 修剪</kbd> 按钮。
- 命令: TRIM 或简写 TR。

【练习1-11】： 练习 TRIM 命令。

打开附盘文件 "dwg\第 1 章\1-11.dwg",如图 1-37 左图所示。下面用 TRIM 命令将左图修改为右图。

图1-37　修剪对象

1. 单击【修改】面板上的 <kbd>/-- 修剪</kbd> 按钮或输入命令代号 TRIM,启动修剪命令。

```
命令: _trim
选择对象或 <全部选择>: 找到 1 个                    //选择剪切边 A,如图 1-38 左图所示
选择对象:                                      //按 Enter 键
选择要修剪的对象,或按住 Shift 键选择要延伸的对象,或
[栏选(F)/窗交(C)/投影(P)/边(E)/删除(R)/放弃(U)]://在 B 点处选择要修剪的多余线条
选择要修剪的对象,或按住 Shift 键选择要延伸的对象,或
[栏选(F)/窗交(C)/投影(P)/边(E)/删除(R)/放弃(U)]:       //按 Enter 键结束
命令:TRIM                                     //重复命令
选择对象:总计 2 个                              //选择剪切边 C、D
选择对象:                                      //按 Enter 键
选择要修剪的对象或[/边(E)]: e                    //选择"边(E)"选项
输入隐含边延伸模式 [延伸(E)/不延伸(N)] <不延伸>:e     //选择"延伸(E)"选项
选择要修剪的对象:                                //在 E、F、G 点处选择要修剪的部分
选择要修剪的对象:                                //按 Enter 键结束
```

结果如图 1-38 右图所示。

要点提示 为简化说明,仅将第二个 TRIM 命令的与当前操作相关的提示信息罗列出来,而将其他信息省略。这种讲解方式在后续的例题中也将继续采用。

图1-38　修剪线段 E、F 等

2. 请读者使用 TRIM 命令修剪图中的其他多余线条。

二、 命令选项

- 按住 Shift 键选择要延伸的对象：将选定的对象延伸至剪切边。
- 栏选(F)：用户绘制连续折线，与折线相交的对象被修剪。
- 窗交(C)：利用交叉窗口选择对象。
- 投影(P)：该选项可以使用户指定执行修剪的空间。例如，三维空间中两条线段呈交叉关系，用户可利用该选项假想将其投影到某一平面上执行修剪操作。
- 边(E)：如果剪切边太短，没有与被修剪对象相交，就利用此选项假想将剪切边延长，然后执行修剪操作。
- 删除(R)：不退出 TRIM 命令就能删除选定的对象。
- 放弃(U)：若修剪有误，可输入字母"U"撤销修剪。

1.5.5 延伸线条

利用 EXTEND 命令可以将线段、曲线等对象延伸到一个边界对象，使其与边界对象相交。有时对象延伸后并不与边界直接相交，而是与边界的延长线相交。

一、 命令启动方法

- 菜单命令：【修改】/【延伸】。
- 面板：【修改】面板上的 延伸 按钮。
- 命令：EXTEND 或简写 EX。

【练习1-12】： 练习 EXTEND 命令。

打开附盘文件"dwg\第 1 章\1-12.dwg"，如图 1-39 左图所示。用 EXTEND 及 TRIM 命令将左图修改为右图。

图1-39 延伸及修剪线条

1. 单击【修改】面板上的 延伸 按钮或输入命令代号 EXTEND，启动延伸命令。

```
命令: _extend
选择对象或 <全部选择>：  找到 1 个                    //选择边界线段 A，如图 1-40 左图所示
选择对象：                                            //按 Enter 键
选择要延伸的对象，或按住 Shift 键选择要修剪的对象，或
[栏选(F)/窗交(C)/投影(P)/边(E)/放弃(U)]：            //选择要延伸的线段 B
选择要延伸的对象，或按住 Shift 键选择要修剪的对象，或
[栏选(F)/窗交(C)/投影(P)/边(E)/放弃(U)]：            //按 Enter 键结束
命令：EXTEND                                         //重复命令
选择对象：总计 2 个                                  //选择边界线段 A、C
选择对象：                                            //按 Enter 键
```

25

选择要延伸的对象或[/边(E)]：e　　　　　　　　　　　　//选择"边(E)"选项
输入隐含边延伸模式 [延伸(E)/不延伸(N)] <不延伸>：e　　//选择"延伸(E)"选项
选择要延伸的对象：　　　　　　　　　　　　　　　　　//选择要延伸的线段 A、C
选择要延伸的对象：　　　　　　　　　　　　　　　　　//按 Enter 键结束

结果如图 1-40 右图所示。

图1-40　延伸线条

2. 请读者使用 EXTEND 及 TRIM 命令继续修改图形的其他部分。

二、命令选项

- 按住 Shift 键选择要修剪的对象：将选择的对象修剪到边界而不是将其延伸。
- 栏选(F)：用户绘制连续折线，与折线相交的对象被延伸。
- 窗交(C)：利用交叉窗口选择对象。
- 投影(P)：该选项使用户可以指定延伸操作的空间。对于二维绘图来说，延伸操作是在当前用户坐标平面（xy 平面）内进行的。在三维空间作图时，用户可通过该选项将两个交叉对象投影到 xy 平面或当前视图平面内执行延伸操作。
- 边(E)：当边界边太短、延伸对象后不能与其直接相交时，就打开该选项，此时 AutoCAD 假想将边界边延长，然后延伸线条到边界边。
- 放弃(U)：取消上一次的操作。

1.6　范例解析——输入坐标画线

【练习1-13】：图形左上角点的绝对坐标及图形尺寸如图 1-41 所示，下面用 LINE 命令采用输入点坐标的方式绘制此图形。

图1-41　利用 LINE 命令绘图

1. 设定绘图区域大小为 550×550，该区域左下角点的坐标为（280,100），右上角点的相对坐标为（@550,550）。单击导航栏上的按钮，使绘图区域充满整个图形窗口显示出来。
2. 单击【绘图】面板上的 / 按钮或输入命令代号 LINE，启动画线命令。

命令: _line 指定第一点: 300,400　　　　　//输入 A 点的绝对直角坐标，如图 1-42 所示
指定下一点或 [放弃(U)]: @0,-175　　　　//输入 B 点的相对直角坐标
指定下一点或 [放弃(U)]: @158,0　　　　 //输入 C 点的相对直角坐标
指定下一点或 [闭合(C)/放弃(U)]: @0,-102　 //输入 D 点的相对直角坐标
指定下一点或 [闭合(C)/放弃(U)]: @105,0　 //输入 E 点的相对直角坐标
指定下一点或 [闭合(C)/放弃(U)]: @73,87　 //输入 F 点的相对直角坐标
指定下一点或 [闭合(C)/放弃(U)]: @163,0　 //输入 G 点的相对直角坐标
指定下一点或 [闭合(C)/放弃(U)]: @0,180　 //输入 H 点的相对直角坐标
指定下一点或 [闭合(C)/放弃(U)]: @145<170　//输入 I 点的相对极坐标
指定下一点或 [闭合(C)/放弃(U)]: @0,70　　 //输入 J 点的相对直角坐标
指定下一点或 [闭合(C)/放弃(U)]: @-197,0　 //输入 K 点的相对直角坐标
指定下一点或 [闭合(C)/放弃(U)]: @-80,-85　//输入 L 点的相对直角坐标
指定下一点或 [闭合(C)/放弃(U)]: c　　　　 //使线框闭合

结果如图 1-42 所示。
3. 采用相同的方法绘制线段 MN、NO、OP、PQ、QR、RM 等，结果如图 1-43 所示。

图1-42　使用 LINE 命令绘制线段 AB、BC 等

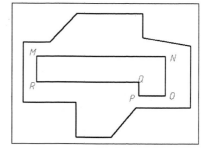

图1-43　使用 LINE 命令绘制线段 MN、NO 等

1.7 实训——输入点的坐标及利用对象捕捉画线

【练习1-14】：　使用 LINE 及 TRIM 等命令绘制平面图形，如图 1-44 所示。

图1-44　使用 LINE 及 TRIM 等命令绘图

主要作图步骤如图 1-45 所示。

图1-45　主要作图步骤

【练习1-15】：　创建以下图层并利用 LINE 及 TRIM 等命令绘制平面图形，如图 1-46 所示。

名称	颜色	线型	线宽
轮廓线层	白色	Continuous	0.5
虚线层	红色	Dashed	默认
中心线层	蓝色	Center	默认

图1-46　使用 LINE 和 TRIM 等命令绘图

主要作图步骤如图 1-47 所示。

图1-47　主要作图步骤

要点提示　调整图中中心线长度的方法是：打开正交模式，选择中心线，线上出现关键点，选中端点处的关键点，向左或向右移动鼠标光标就改变中心线的长度。

1.8　综合案例——绘制线段构成的平面图形

【练习1-16】：　使用 LINE 及 TRIM 等命令绘制如图 1-48 所示的平面图形。

图1-48　使用 LINE 及 TRIM 等命令绘制图形（1）

主要作图步骤如图 1-49 所示。

图1-49　使用 LINE 及 TRIM 等命令绘制图形的过程（1）

【练习1-17】：　使用 LINE 及 TRIM 等命令绘制如图 1-50 所示的平面图形。

图1-50　使用 LINE 及 TRIM 等命令绘制图形（2）

主要作图步骤如图 1-51 所示。

图1-51　使用 LINE 及 TRIM 等命令绘制图形的过程（2）

1.9　习题

1. 利用点的相对坐标画线，如图 1-52 所示。
2. 使用 LINE 及 TRIM 命令绘制平面图形，如图 1-53 所示。

图1-52　使用点的相对坐标画线

图1-53　使用 LINE 及 TRIM 等命令绘图

第2章 绘制线段、平行线及圆

【学习目标】
- 使用极轴追踪及自动追踪功能画线。
- 画平行线、斜线及垂线。
- 打断线条及调整线条长度。
- 画圆、圆弧连接及圆的切线。
- 倒圆角及倒角。

通过学习本章，读者可以掌握绘制线段、斜线、平行线、圆及圆弧连接的方法，并能够灵活运用相应命令绘制简单图形。

2.1 功能讲解——画线的方法

本节主要介绍极轴追踪、自动追踪、绘制平行线和改变线条长度等。

2.1.1 结合对象捕捉、极轴追踪及自动追踪功能画线

首先简要说明 AutoCAD 极轴追踪及自动追踪功能，然后通过练习掌握它们。

一、 极轴追踪

打开极轴追踪功能并启动 LINE 命令后，鼠标光标就沿用户设定的极轴方向移动，AutoCAD 在该方向上显示一条追踪辅助线及光标点的极坐标值，如图 2-1 所示。输入线段的长度，按 Enter 键，就绘制出指定长度的线段。

二、 自动追踪

自动追踪是指 AutoCAD 从一点开始自动沿某一方向进行追踪，追踪方向上将显示一条追踪辅助线及光标点的极坐标值。输入追踪距离，按 Enter 键，就确定新的点。在使用自动追踪功能时，必须打开对象捕捉。AutoCAD 首先捕捉一个几何点作为追踪参考点，然后沿水平、竖直方向或设定的极轴方向进行追踪，如图 2-2 所示。

图2-1 极轴追踪　　　　　　　　　　　　　　　图2-2 自动追踪

【练习2-1】：　　打开附盘文件"dwg\第 2 章\2-1.dwg"，如图 2-3 左图所示。用 LINE 命令并结合极轴追踪、对象捕捉及自动追踪功能将左图修改为右图。

图2-3 结合极轴追踪、对象捕捉及自动追踪功能画线

1. 打开对象捕捉，设置自动捕捉类型为"端点"、"中点"、"圆心"及"交点"，再设定线型全局比例因子为0.2。

2. 在状态栏的 ⊙ 按钮上单击鼠标右键，选择【正在追踪设置】命令，打开【草图设置】对话框，进入【极轴追踪】选项卡，在该选项卡的【增量角】下拉列表中设定极轴角增量为【90】，如图 2-4 所示，或单击 ⊙ 按钮右侧的▾按钮弹出快捷菜单，选择增量角。此后若用户打开极轴追踪画线，则鼠标光标将自动沿 0°、90°、180°、270° 方向进行追踪，再输入线段长度值，AutoCAD 就在该方向上画出线段。单击 ▭ 确定 ▭ 按钮，关闭【草图设置】对话框。

3. 单击状态栏上的 ⊙、▱ 及 ∠ 按钮，打开极轴追踪、对象捕捉及自动追踪功能。

4. 切换到轮廓线层，绘制线段 *BC*、*EF* 等，如图 2-5 所示。

命令：_line 指定第一点：	//从中点 *A* 向上追踪到 *B* 点
指定下一点或 [放弃(U)]：	//从 *B* 点向下追踪到 *C* 点
指定下一点或 [放弃(U)]：	//按 Enter 键结束
命令：	//重复命令
LINE 指定第一点：11	//从 *D* 点向上追踪并输入追踪距离
指定下一点或 [放弃(U)]：25	//从 *E* 点向右追踪并输入追踪距离
指定下一点或 [放弃(U)]：6	//从 *F* 点向上追踪并输入追踪距离
指定下一点或 [闭合(C)/放弃(U)]：	//从 *G* 点向右追踪并以 *I* 点为追踪参考点确定 *H* 点
指定下一点或 [闭合(C)/放弃(U)]：	//从 *H* 点向下追踪并捕捉交点 *J*
指定下一点或 [闭合(C)/放弃(U)]：	//按 Enter 键结束

结果如图 2-5 所示。

图2-4 【草图设置】对话框

图2-5 绘制线段 *BC*、*EF* 等

5. 请读者绘制图形的其余部分，然后修改某些对象所在的图层。

2.1.2 绘制平行线

OFFSET 命令可将对象偏移指定的距离，创建一个与源对象平行的新对象。使用该命令时，用户可以通过两种方式创建平行对象，一种是输入平行线间的距离，另一种是指定新平行线通过的点。

一、 命令启动方法

- 菜单命令:【修改】/【偏移】。
- 面板:【修改】面板上的按钮。
- 命令: OFFSET 或简写 O。

【练习2-2】: 打开附盘文件"dwg\第 2 章\2-2.dwg"，如图 2-6 左图所示。使用 OFFSET、EXTEND 及 TRIM 等命令将左图修改为右图。

图2-6 绘制平行线

1. 使用 OFFSET 命令偏移线段 A、B 得到平行线 C、D，如图 2-7 左图所示。

命令: _offset

指定偏移距离或 [通过(T)/删除(E)/图层(L)] <10.0000>: 70

//输入偏移距离

选择要偏移的对象，或 [退出(E)/放弃(U)] <退出>: //选择线段 A

指定要偏移的那一侧上的点，或 [退出(E)/多个(M)/放弃(U)] <退出>:

//在线段 A 的右边单击一点

选择要偏移的对象，或 [退出(E)/放弃(U)] <退出>: //按 Enter 键结束

命令:OFFSET //重复命令

指定偏移距离或 <70.0000>: 74 //输入偏移距离

选择要偏移的对象，或 <退出>: //选择线段 B

指定要偏移的那一侧上的点: //在线段 B 的上边单击一点

选择要偏移的对象，或 <退出>: //按 Enter 键结束

结果如图 2-7 左图所示。用 TRIM 命令修剪多余线条，结果如图 2-7 右图所示。

2. 请读者使用 OFFSET、EXTEND 及 TRIM 命令绘制图形的其余部分。

图2-7 绘制平行线 C、D 等

二、 命令选项

- 通过(T): 通过指定点创建新的偏移对象。
- 删除(E): 偏移源对象后将其删除。
- 图层(L): 指定将偏移后的新对象放置在当前图层或源对象所在的图层上。
- 多个(M): 在要偏移的一侧单击多次，就创建多个等距对象。

2.1.3 打断线条

BREAK 命令可以删除对象的一部分，常用于打断线段、圆、圆弧及椭圆等，此命令既可以在一个点打断对象，也可以在指定的两点打断对象。

一、 命令启动方法

- 菜单命令:【修改】/【打断】。
- 面板:【修改】面板上的 ⊡ 按钮。
- 命令: BREAK 或简写 BR。

【练习2-3】： 打开附盘文件 "dwg\第 2 章\2-3.dwg"，如图 2-8 左图所示。使用 BREAK 等命令将左图修改为右图。

图2-8 打断线条

1. 使用 BREAK 命令打断线条，如图 2-9 所示。

命令: _break 选择对象:	//在 A 点处选择对象，如图 2-9 左图所示
指定第二个打断点 或 [第一点(F)]:	//在 B 点处选择对象
命令:	//重复命令
BREAK 选择对象:	//在 C 点处选择对象
指定第二个打断点 或 [第一点(F)]:	//在 D 点处选择对象
命令:	//重复命令
BREAK 选择对象:	//选择线段 E
指定第二个打断点 或 [第一点(F)]: f	//使用 "第一点(F)" 选项
指定第一个打断点: int 于	//捕捉交点 F

指定第二个打断点: @　　　　　　　　//输入相对坐标符号，按 Enter 键，在同一点打断对象

再将线段 *E* 修改到虚线层上，结果如图 2-9 右图所示。

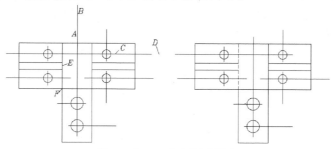

图2-9　在 *A*、*B* 等点处打断线条

2. 请读者使用 BREAK 等命令修改图形的其他部分。

二、 命令选项

- 指定第二个打断点：在图形对象上选取第二点后，AutoCAD 将第一打断点与第二打断点间的部分删除。
- 第一点(F)：该选项使用户可以重新指定第一打断点。

2.1.4　调整线条长度

LENGTHEN 命令可一次改变线段、圆弧及椭圆弧等多个对象的长度。使用此命令时，经常采用的选项是"动态"，即直观地拖动对象来改变其长度。

一、 命令启动方法

- 菜单命令：【修改】/【拉长】。
- 面板：【修改】面板上的 按钮。
- 命令：LENGTHEN 或简写 LEN。

【练习2-4】： 打开附盘文件 "dwg\第 2 章\2-4.dwg"，如图 2-10 左图所示。使用 LENGTHEN 等命令将左图修改为右图。

图2-10　调整线条长度

1. 使用 LENGTHEN 命令调整线段 *A*、*B* 的长度，如图 2-11 所示。

命令: _lengthen
选择要测量的对象或 [增量(DE)/百分比(P)/总计(T)/动态(DY)]: dy
　　　　　　　　　　　　　　　　　//使用"动态(DY)"选项
选择要修改的对象或 [放弃(U)]:　　　//在线段 *A* 的上端选中对象
指定新端点:　　　　　　　　　　　//向下移动鼠标光标，单击一点

选择要修改的对象或 [放弃(U)]:	//在线段 B 的上端选中对象
指定新端点:	//向下移动鼠标光标,单击一点
选择要修改的对象或 [放弃(U)]:	//按 Enter 键结束

结果如图 2-11 右图所示。

图2-11 调整线段 A、B 的长度

2. 请读者使用 LENGTHEN 命令调整其他定位线的长度,然后将定位线修改到中心线层上。

二、命令选项

- 增量(DE): 以指定的增量值改变线段或圆弧的长度。对于圆弧,还可通过设定角度增量改变其长度。
- 百分比(P): 以对象总长度的百分比形式改变对象长度。
- 总计(T): 通过指定线段或圆弧的新长度来改变对象总长。
- 动态(DY): 拖动鼠标光标就可以动态地改变对象长度。

2.2 范例解析——用 LINE、OFFSET 及 TRIM 命令绘图

【练习2-5】: 使用 LINE、OFFSET 及 TRIM 等命令绘制图 2-12 所示的图形。

图2-12 用 OFFSET 命令构建新图形

1. 打开极轴追踪、对象捕捉及捕捉追踪功能。设置极轴追踪角度增量为 "90",设定对象捕捉方式为 "端点"、"交点",设置仅沿正交方向进行捕捉追踪。

2. 画两条正交线段 AB、CD,如图 2-13 所示。AB 的长度为 70 左右,CD 的长度为 80 左右。

命令: _line 指定第一点:	//在屏幕上单击 A 点
指定下一点或 [放弃(U)]:	//水平向右移动鼠标光标再单击 B 点
指定下一点或 [放弃(U)]:	//按 Enter 键结束

再绘制竖直线段 CD,结果如图 2-13 所示。

图2-13　画线段 AB、CD

3. 画平行线 G、H、I、J，如图 2-14 所示。

　　　　命令：_offset

　　　　指定偏移距离或 [通过(T)] <12.0000>: 24　　　　　　　//输入偏移的距离

　　　　选择要偏移的对象或 <退出>:　　　　　　　　　　　　//选择线段 F

　　　　指定要偏移的那一侧上的点:　　　　　　　　　　　　//在线段 F 的右边单击一点

　　　　选择要偏移的对象或 <退出>:　　　　　　　　　　　　//按 Enter 键结束

　　　　命令:OFFSET　　　　　　　　　　　　　　　　　　　　//重复命令

　　　　指定偏移距离或 [通过(T)] <24.0000>:54　　　　　　　//输入偏移的距离

　　　　选择要偏移的对象或 <退出>:　　　　　　　　　　　　//选择线段 F

　　　　指定要偏移的那一侧上的点:　　　　　　　　　　　　//在线段 F 的右边单击一点

　　　　选择要偏移的对象或 <退出>:　　　　　　　　　　　　//按 Enter 键结束

继续绘制以下平行线。

向上偏移线段 E 至 I，偏移距离等于 40。

向上偏移线段 E 至 J，偏移距离等于 65。

结果如图 2-14 所示。

修剪多余线条，结果如图 2-15 所示。

图2-14　画平行线 G、H、I、J

图2-15　修剪结果（1）

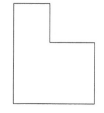 为简化说明，仅将 OFFSET 命令序列中与当前操作相关的提示信息及命令选项罗列出来，而将其他部分省略。这种讲解方式在后续的例题中也将采用。

4. 画平行线 L、M、O、P，如图 2-16 所示。

　　　　命令：_offset

　　　　指定偏移距离或 [通过(T)] <12.0000>: 4　　　　　　　//输入偏移的距离

　　　　选择要偏移的对象或 <退出>:　　　　　　　　　　　　//选择线段 K

　　　　指定要偏移的那一侧上的点:　　　　　　　　　　　　//在线段 K 的右边单击一点

　　　　选择要偏移的对象或 <退出>:　　　　　　　　　　　　//按 Enter 键结束

　　　　命令:OFFSET　　　　　　　　　　　　　　　　　　　　//重复命令

　　　　指定偏移距离或 [通过(T)] <4.0000>:11　　　　　　　//输入偏移的距离

选择要偏移的对象或 <退出>:   //选择线段 L

    指定要偏移的那一侧上的点: //在线段 L 的右边单击一点

    选择要偏移的对象或 <退出>:   //按 Enter 键结束

继续绘制以下平行线。

向下偏移线段 N 至 O, 偏移距离等于 14。

向下偏移线段 O 至 P, 偏移距离等于 36。

结果如图 2-16 所示。

修剪多余线条, 结果如图 2-17 所示。

图2-16 画平行线 L、M、O、P

图2-17 修剪结果（2）

5. 画斜线 BC, 如图 2-18 所示。

    命令: _line 指定第一点: 8   //从 S 点向左追踪并输入追踪距离

    指定下一点或 [放弃(U)]: 6   //从 T 点向下追踪并输入追踪距离

    指定下一点或 [放弃(U)]:   //按 Enter 键结束

结果如图 2-18 所示。

修剪多余线条, 结果如图 2-19 所示。

图2-18 画斜线 BC

图2-19 修剪结果（3）

6. 画平行线 H、I、J、K, 如图 2-20 所示。

    命令: _offset

    指定偏移距离或 [通过(T)] <36.0000>: 6   //输入偏移的距离

    选择要偏移的对象或 <退出>:   //选择线段 D

    指定要偏移的那一侧上的点: //在线段 D 的上边单击一点

    选择要偏移的对象或 <退出>:   //选择线段 E

    指定要偏移的那一侧上的点: //在线段 E 的左边单击一点

    选择要偏移的对象或 <退出>:   //选择线段 F

    指定要偏移的那一侧上的点: //在线段 F 的下边单击一点

    选择要偏移的对象或 <退出>:   //选择线段 G

    指定要偏移的那一侧上的点: //在线段 G 的左边单击一点

选择要偏移的对象或 <退出>：   //按 Enter 键结束

结果如图 2-20 所示。

图2-20 画平行线 *H*、*I*、*J*、*K*

7. 延伸线条 *J*、*K*，结果如图 2-21 所示。

命令：_extend

选择对象：指定对角点：找到 2 个   //选择线段 *K*、*J*，如图 2-20 所示

选择对象：找到 1 个，总计 3 个   //选择线段 *I*

选择对象：   //按 Enter 键

选择要延伸的对象[投影(P)/边(E)/放弃(U)]：   //向下延伸线段 *K*

选择要延伸的对象[投影(P)/边(E)/放弃(U)]：   //向左上方延伸线段 *J*

选择要延伸的对象[投影(P)/边(E)/放弃(U)]：   //向右下方延伸线段 *J*

选择要延伸的对象[投影(P)/边(E)/放弃(U)]：   //按 Enter 键结束

结果如图 2-21 所示。

修剪多余线条，结果如图 2-22 所示。

图2-21 延伸线条   图2-22 修剪结果（4）

【练习2-6】： 使用 LINE、OFFSET 及 TRIM 等命令绘制平面图形，如图 2-23 所示。

图2-23 使用 LINE、OFFSET 及 TRIM 等命令绘制平面图形

1. 创建两个图层。

名称	颜色	线型	线宽
轮廓线层	白色	Continuous	0.5
虚线层	白色	Dashed	默认

2. 设定线型全局比例因子为 0.4。设定绘图区域大小为 300×300。单击导航栏上的 按钮，使绘图区域充满整个图形窗口显示出来。

3. 打开极轴追踪、对象捕捉及自动追踪功能。指定极轴追踪角度增量为 "90"，设定对象捕捉方式为 "端点"、"交点"。

4. 切换到轮廓线层，绘制两条作图基准线 A、B，线段 A 的长度约为 300，线段 B 的长度约为 200，结果如图 2-24 所示。

5. 使用 OFFSET、TRIM 等命令绘制外轮廓线 C，结果如图 2-25 所示。

图2-24 绘制作图基准线 A、B

图2-25 绘制外轮廓线 C

6. 使用 OFFSET、TRIM 等命令绘制线段 D、E 等，结果如图 2-26 所示。

7. 使用 OFFSET、TRIM 等命令绘制线段 F、G 等，并将线段切换到虚线层，结果如图 2-27 所示。

图2-26 绘制线段 D、E 等

图2-27 绘制线段 F、G 等

2.3 功能讲解——画斜线、切线、圆及圆弧连接

本节主要介绍绘制垂线、斜线、切线、圆及圆弧连接等。

2.3.1 使用 LINE 及 XLINE 命令绘制任意角度斜线

用户可用以下两种方法绘制倾斜线。

(1) 使用 LINE 命令沿某一方向画任意长度的线段。启动该命令，当 AutoCAD 提示输入点时，输入一个小于号 "<" 及角度值，该角度表明了画线的方向，AutoCAD 将把鼠标光标锁定在此方向上。移动鼠标光标，线段的长度就发生变化，获取适当长度后，单击鼠标左键结束，这种画线方式称为角度覆盖。

(2) 使用 XLINE 命令画任意角度斜线。XLINE 命令可以画无限长的构造线，利用它能直接画出水平方向、竖直方向及倾斜方向的直线，作图过程中采用此命令画定位线或绘图辅助线是很方便的。

一、命令启动方法

- 菜单命令:【绘图】/【构造线】。
- 面板:【绘图】面板上的按钮。
- 命令: XLINE 或简写 XL。

【练习2-7】: 打开附盘文件"dwg\第 2 章\2-7.dwg",如图 2-28 左图所示。使用 LINE、XLINE 及 TRIM 等命令将左图修改为右图。

图2-28 绘制斜线

1. 使用 XLINE 命令绘制直线 G、H、I,用 LINE 命令绘制斜线 J,如图 2-29 左图所示。

命令: _xline 指定点或 [水平(H)/垂直(V)/角度(A)/二等分(B)/偏移(O)]: v	
	//使用"垂直(V)"选项
指定通过点: ext	//捕捉通过点 A
于 24	//输入 B 点与 A 点的距离
指定通过点:	//按 Enter 键结束
命令:	//重复命令
XLINE 指定点或 [水平(H)/垂直(V)/角度(A)/二等分(B)/偏移(O)]: h	
	//使用"水平(H)"选项
指定通过点: ext	//捕捉通过点 A
于 5	//输入 C 点与 A 点的距离
指定通过点:	//按 Enter 键结束
命令:	//重复命令
XLINE 指定点或 [水平(H)/垂直(V)/角度(A)/二等分(B)/偏移(O)]: a	
	//使用"角度(A)"选项
输入构造线的角度 (0) 或 [参照(R)]: r	//使用"参照(R)"选项
选择直线对象:	//选择线段 AB
输入构造线的角度 <0>: 130	//输入构造线与线段 AB 的夹角
指定通过点: ext	//捕捉通过点 A
于 39	//输入 D 点与 A 点的距离
指定通过点:	//按 Enter 键结束
命令: _line 指定第一点: ext	//捕捉延伸点 E
于 31	//输入 F 点与 E 点的距离
指定下一点或 [放弃(U)]: <60	//设定画线的角度
指定下一点或 [放弃(U)]:	//沿 60°方向移动鼠标光标

指定下一点或 [放弃(U)]:　　　　　　　　　　//单击一点结束

结果如图 2-29 左图所示。修剪多余线条，结果如图 2-29 右图所示。

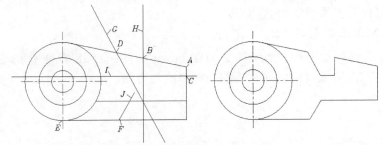

图2-29　绘制直线 G、H、I 等

2. 请读者使用 XLINE、OFFSET 及 TRIM 等命令绘制图形的其余部分。

二、 命令选项

- 水平(H): 绘制水平方向直线。
- 垂直(V): 绘制竖直方向直线。
- 角度(A): 通过某点画一条与已知直线成一定角度的直线。
- 二等分(B): 绘制一条平分已知角度的直线。
- 偏移(O): 可输入一个偏移距离来绘制平行线，或指定直线通过的点来创建新平行线。

2.3.2　画切线、圆及圆弧连接

用户可利用 LINE 命令并结合切点捕捉"TAN"来绘制切线。

可用 CIRCLE 命令绘制圆及圆弧连接。默认的画圆方法是指定圆心和半径。此外，还可通过两点或三点来画圆。

一、 命令启动方法

- 菜单命令:【绘图】/【圆】。
- 面板:【绘图】面板上的⬭按钮。
- 命令: CIRCLE 或简写 C。

【练习2-8】: 打开附盘文件"dwg\第 2 章\2-8.dwg"，如图 2-30 左图所示。用 LINE、CIRCLE 等命令将左图修改为右图。

图2-30　绘制切线、圆及圆弧连接

1. 绘制切线及过渡圆弧，如图 2-31 左图所示。

  命令：_line 指定第一点：tan 到   //捕捉切点 A

  指定下一点或 [放弃(U)]：tan 到   //捕捉切点 B

  指定下一点或 [放弃(U)]：   //按 Enter 键结束

  命令：_circle 指定圆的圆心或 [三点(3P)/两点(2P)/切点、切点、半径(T)]：3p

               //使用"三点(3P)"选项

  指定圆上的第一点：tan 到   //捕捉切点 D

  指定圆上的第二点：tan 到   //捕捉切点 E

  指定圆上的第三点：tan 到   //捕捉切点 F

  命令：   //重复命令

  CIRCLE 指定圆的圆心或 [三点(3P)/两点(2P)/ 切点、切点、半径(T)]：t

            //利用"切点、切点、半径(T)"选项

  指定对象与圆的第一个切点：   //捕捉切点 G

  指定对象与圆的第二个切点：   //捕捉切点 H

  指定圆的半径 <10.8258>:30   //输入圆半径

  命令：   //重复命令

  命令：CIRCLE 指定圆的圆心或 [三点(3P)/两点(2P)/ 切点、切点、半径(T)]：from

            //使用正交偏移捕捉

  基点：int 于   //捕捉交点 C

  <偏移>：@22,4   //输入相对坐标

  指定圆的半径或 [直径(D)] <30.0000>: 3.5 //输入圆半径

结果如图 2-31 左图所示。修剪多余线条，结果如图 2-31 右图所示。

图2-31 绘制切线及圆

2. 请读者使用 LINE、CIRCLE 及 TRIM 等命令绘制图形的其余部分。

二、命令选项

- 三点(3P)：输入 3 个点绘制圆周。
- 两点(2P)：指定直径的两个端点画圆。
- 切点、切点、半径(T)：选取与圆相切的两个点，然后输入圆半径。

2.3.3 倒圆角及倒角

  FILLET 命令用于倒圆角，操作的对象包括直线、多段线、样条线、圆及圆弧等。

  CHAMFER 命令用于倒角，倒角时既可以输入每条边的倒角距离，也可以指定某条边上倒角的长度及与此边的夹角。

命令启动的方法如表 2-1 所示。

表 2-1   命令启动的方法

方式	倒圆角	倒角
菜单命令	【修改】/【圆角】	【修改】/【倒角】
面板	【修改】面板上的 ⬜ 圆角 按钮	【修改】面板上的 ⬜ 倒角 按钮
命令	FILLET 或简写 F	CHAMFER 或简写 CHA

【练习2-9】：   打开附盘文件"dwg\第 2 章\2-9.dwg",如图 2-32 左图所示。用 FILLET 及 CHAMFER 命令将左图修改为右图。

图2-32   倒圆角及倒角

1. 创建圆角，如图 2-33 所示。

   命令: _fillet

   选择第一个对象或 [放弃(U)/多段线(P)/半径(R)/修剪(T)/多个(M)]: r

                     //设置圆角半径

   指定圆角半径 <3.0000>: 5   //输入圆角半径值

   选择第一个对象或 [放弃(U)/多段线(P)/半径(R)/修剪(T)/多个(M)]:

                     //选择线段 A

   选择第二个对象，或按住 Shift 键选择对象以应用角点或 [半径(R)]:

                     //选择线段 B

  结果如图 2-33 所示。

2. 创建倒角，如图 2-33 所示。

   命令: _chamfer

   选择第一条直线[放弃(U)/多段线(P)/距离(D)/角度(A)/修剪(T)/方式(E)/多个(M)]: d

                  //设置倒角距离

   指定第一个倒角距离 <3.0000>: 5   //输入第一个边的倒角距离

   指定第二个倒角距离 <5.0000>: 10   //输入第二个边的倒角距离

   选择第一条直线或 [放弃(U)/多段线(P)/距离(D)/角度(A)/修剪(T)/方式(E)/多个(M)]:

                     //选择线段 C

   选择第二条直线，或按住 Shift 键选择直线以应用角点或 [距离(D)/角度(A)/方法(M)]:

//选择线段 *D*

结果如图 2-33 所示。

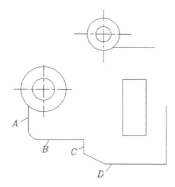

图2-33 创建圆角及斜角

3. 请读者自己创建其余圆角及斜角。

常用的命令选项如表 2-2 所示。

表 2-2 命令选项的功能

命令	选项	功能
FILLET	多段线(P)	对多段线的每个顶点进行倒圆角操作
	半径(R)	设定圆角半径。若圆角半径为 0，则系统将使被倒圆角的两个对象交于一点
	修剪(T)	指定倒圆角操作后是否修剪对象
	多个(M)	可一次创建多个圆角
	按住 Shift 键选择对象以应用角点	若按住 Shift 键选择第二个圆角对象，则以 0 值替代当前的圆角半径
CHAMFER	多段线(P)	对多段线的每个顶点执行倒角操作
	距离(D)	设定倒角距离。若倒角距离为 0，则系统将被倒角的两个对象交于一点
	角度(A)	指定倒角距离及倒角角度
	修剪(T)	设置倒角时是否修剪对象
	方式(E)	指定倒角方式：使用两个距离还是一个距离、一个角度来创建倒角
	多个(M)	可一次创建多个倒角
	按住 Shift 键选择直线以应用角点	若按住 Shift 键选择第二个倒角对象，则以 0 值替代当前的倒角距离

2.4 范例解析——形成圆弧连接关系

【练习2-10】： 使用 LINE、CIRCLE、OFFSET 及 TRIM 等命令绘制如图 2-34 所示的图形。

图2-34 画切线及圆弧连接

1. 创建以下两个图层。

名称	颜色	线型	线宽
粗实线	白色	Continuous	0.7
中心线	白色	Center	默认

2. 设置作图区域的大小为 100×100，再设定全局线型比例因子为 0.2。

3. 利用 LINE 和 OFFSET 命令绘制图形元素的定位线 A、B、C、D、E 等，结果如图 2-35 所示。

图2-35 绘制图形定位线

4. 使用 CIRCLE 命令绘制如图 2-36 所示的圆。

5. 利用 LINE 命令绘制圆的切线 A，再利用 FILLET 命令绘制过渡圆弧 B，结果如图 2-37 所示。

图2-36 绘制圆

图2-37 绘制切线及过渡圆弧

6. 使用 LINE 和 OFFSET 命令绘制平行线 C、D 及斜线 E，结果如图 2-38 所示。

7. 使用 CIRCLE 和 TRIM 命令绘制过渡圆弧 G、H、M、N，结果如图 2-39 所示。

图2-38 绘制线段 C、D、E

图2-39 绘制过渡圆弧

8. 修剪多余线段，再将定位线的线型修改为中心线，结果如图 2-40 所示。

图2-40 修剪线段并调整线型

【练习2-11】： 使用 LINE、CIRCLE、OFFSET 及 TRIM 等命令绘制图 2-41 所示的图形。

图2-41 使用 LINE、CIRCLE 及 OFFSET 等命令绘图

1. 创建两个图层。

名称	颜色	线型	线宽
轮廓线层	白色	Continuous	0.5
中心线层	红色	Center	默认

2. 通过【线型控制】下拉列表打开【线型管理器】对话框，在此对话框中设定线型全局比例因子为 0.2。

3. 打开极轴追踪、对象捕捉及自动追踪功能。设置极轴追踪增角度增量为 "90"，设置对

象捕捉方式为"端点"、"交点"。

4. 设定绘图区域大小为 100×100。单击导航栏上的 🔍 按钮，使绘图区域充满整个图形窗口显示出来。

5. 切换到中心线层，用 LINE 命令绘制圆的定位线 A、B，其长度约为 35，再用 OFFSET 及 LENGTHEN 命令形成其他定位线，结果如图 2-42 所示。

6. 切换到轮廓线层，绘制圆、过渡圆弧及切线，结果如图 2-43 所示。

图2-42　绘制圆的定位线　　　　　　　　　　图2-43　绘制圆、过渡圆弧及切线

7. 使用 LINE 命令绘制线段 C、D，再使用 OFFSET 及 LENGTHEN 命令形成定位线 E、F 等，如图 2-44 左图所示。绘制线框 G，结果如图 2-44 右图所示。

图2-44　绘制线段 C、D 及线框 G 等

2.5　实训——绘制平行线、圆及圆弧连接

【练习2-12】：使用 LINE、CIRCLE、XLINE、OFFSET 及 TRIM 等命令绘制图 2-45 所示的图形。

图2-45　使用 LINE、CIRCLE、XLINE 等命令绘图

主要作图步骤如图 2-46 所示。

图2-46　主要作图步骤

【练习2-13】：　使用 LINE、CIRCLE、OFFSET 及 TRIM 等命令绘制图 2-47 所示的图形。

图2-47　绘制圆及圆弧连接

主要作图步骤如图 2-48 所示。

图2-48　主要作图步骤

49

2.6 综合案例——绘制线段、圆及圆弧构成的平面图形

【练习2-14】： 绘制图 2-49 所示的图形。此图形具有较复杂的圆弧连接关系，通过此练习介绍此类图形的一般作图方法及绘制技巧。

图2-49 画圆弧连接

1. 创建两个图层。

名称	颜色	线型	线宽
轮廓线层	白色	Continuous	0.5
中心线层	红色	Center	默认

2. 设定绘图区域大小为 400×400，并使该区域充满整个图形窗口显示出来。
3. 打开极轴追踪、对象捕捉及自动追踪功能。设定对象捕捉方式为"端点"、"交点"。
4. 用 LINE 命令画图形元素的主要定位线，如图 2-50 所示。

命令：_line 指定第一点：	//单击 A 点，如图 2-50 所示
指定下一点或 [放弃(U)]：	//单击 B 点，长度约为 150
指定下一点或 [放弃(U)]：	//按 Enter 键结束
命令：	//重复命令
LINE 指定第一点：	//单击 C 点
指定下一点或 [放弃(U)]：	//单击 D 点，长度约为 300
指定下一点或 [放弃(U)]：	//按 Enter 键结束
命令：	//重复命令
LINE 指定第一点：	//捕捉交点 E
指定下一点或 [放弃(U)]： <63	//指定画线的角度
指定下一点或 [放弃(U)]：	//单击 F 点，长度约为 200
指定下一点或 [放弃(U)]：	//按 Enter 键结束
命令：	//重复命令
LINE 指定第一点：	//捕捉交点 E
指定下一点或 [放弃(U)]： <133	//指定画线的角度

指定下一点或 [放弃(U)]:	//单击 G 点，长度约为 200
指定下一点或 [放弃(U)]:	//按 Enter 键结束
命令:	//重复命令
LINE 指定第一点:	//捕捉交点 E
指定下一点或 [放弃(U)]: <-146	//指定画线的角度
指定下一点或 [放弃(U)]:	//单击 H 点，长度约为 200
指定下一点或 [放弃(U)]:	//按 Enter 键结束

结果如图 2-50 所示。

5. 画定位圆弧，如图 2-51 所示。

命令: _circle 指定圆的圆心或 [三点(3P)/两点(2P)/切点、切点、半径(T)]:	
	//捕捉交点 E
指定圆的半径或 [直径(D)] <122.0000>: 122	//输入圆半径
命令: _break 选择对象:	//在 I 点处拾取一点
指定第二个打断点或 [第一点(F)]:	//在 J 点处拾取一点

结果如图 2-51 所示。

图2-50 画定位线

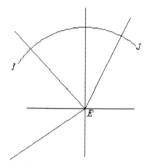

图2-51 画定位圆弧

6. 绘制圆 K、L、M、N、O、P 等，如图 2-52 所示。

命令: _circle 指定圆的圆心或 [三点(3P)/两点(2P)/切点、切点、半径(T)]:	
	//捕捉交点 Q，如图 2-52 所示
指定圆的半径或 [直径(D)] <122.0000>: 26	//输入圆半径
命令:	//重复命令
CIRCLE 指定圆的圆心或 [三点(3P)/两点(2P)/切点、切点、半径(T)]:	
	//捕捉交点 Q
指定圆的半径或 [直径(D)] <26.0000>: 45.5	//输入圆半径
命令:	//重复命令
CIRCLE 指定圆的圆心或 [三点(3P)/两点(2P)/切点、切点、半径(T)]: from	
	//使用正交偏移捕捉
基点: <偏移>: @141<-146	//输入 R 点的相对坐标
指定圆的半径或 [直径(D)] <45.5000>: 14.5	//输入圆半径
命令:	//重复命令
CIRCLE 指定圆的圆心或 [三点(3P)/两点(2P)/切点、切点、半径(T)]: cen 于	

	//捕捉圆心 R
指定圆的半径或 [直径(D)] <14.5000>: 25.5	//输入圆半径
命令:	//重复命令
CIRCLE 指定圆的圆心或 [三点(3P)/两点(2P)/切点、切点、半径(T)]:	
	//捕捉交点 S
指定圆的半径或 [直径(D)] <25.5000>: 11.5	//输入圆半径
命令:	//重复命令
CIRCLE 指定圆的圆心或 [三点(3P)/两点(2P)/切点、切点、半径(T)]:	
	//捕捉交点 S
指定圆的半径或 [直径(D)] <11.5000>: 20.5	//输入圆半径
命令: copy	//复制圆 O、P
选择对象: 指定对角点: 找到 2 个	//选择圆 O、P
选择对象:	//按 Enter 键
指定位移的基点或 [重复(M)]:	//捕捉交点 S
指定位移的第二点或 <用第一点作位移>:	//捕捉交点 T

结果如图 2-52 所示。

图2-52　画圆

7.　画过渡圆弧，如图 2-53 所示。

命令: _circle 指定圆的圆心或 [三点(3P)/两点(2P)/切点、切点、半径(T)]: t	
	//使用"切点、切点、半径(T)"选项
指定第一个与圆相切的对象:	//在 D 点处选择圆，如图 2-53 所示
指定第二个与圆相切的对象:	//在 E 点处选择圆
指定圆的半径 <20.5000>: 176	//输入圆半径
命令:	//重复命令
CIRCLE 指定圆的圆心或 [三点(3P)/两点(2P)/切点、切点、半径(T)]: t	
	//使用"切点、切点、半径(T)"选项
指定第一个与圆相切的对象:	//在 F 点处选择圆
指定第二个与圆相切的对象:	//在 G 点处选择圆
指定圆的半径 <176.0000>: 220	//输入圆半径
命令:	//重复命令
CIRCLE 指定圆的圆心或 [三点(3P)/两点(2P)/切点、切点、半径(T)]:	

指定圆的半径或 [直径(D)] <220.0000>:   //捕捉交点 *B*

命令: //重复命令

　　CIRCLE 指定圆的圆心或 [三点(3P)/两点(2P)/切点、切点、半径(T)]:

　　 //捕捉交点 *A*

指定圆的半径或 [直径(D)] <101.5000>:   //捕捉交点 *C*

结果如图 2-53 所示。修剪多余圆弧，结果如图 2-54 所示。

图2-53　画过渡圆弧

图2-54　修剪结果

8. 用 XLINE 命令绘制定位线 *J*、*K*、*L*，如图 2-55 所示。

命令: _xline 指定点或 [水平(H)/垂直(V)/角度(A)/二等分(B)/偏移(O)]: a

　　 //使用"角度(A)"选项

输入参照线角度 (0) 或 [参照(R)]: -9   //输入倾斜角度

指定通过点: from   //使用正交偏移捕捉

基点: //捕捉 *H* 点，如图 2-55 所示

　<偏移>: @92,20   //输入 *I* 点的相对坐标

指定通过点: //按 Enter 键结束

命令: //重复命令

XLINE 指定点或 [水平(H)/垂直(V)/角度(A)/二等分(B)/偏移(O)]: a

　　 //使用"角度(A)"选项

输入参照线角度 (0) 或 [参照(R)]: r   //使用"参照(R)"选项

选择直线对象: //选择线段 *L*

输入参照线角度 <0>: 90   //输入角度值

指定通过点: from   //使用正交偏移捕捉

基点: //捕捉 *H* 点

<偏移>: @92,20   //输入 *I* 点的相对坐标

指定通过点: //按 Enter 键结束

命令: //重复命令

XLINE 指定点或 [水平(H)/垂直(V)/角度(A)/二等分(B)/偏移(O)]: o

　　 //使用"偏移(O)"选项

指定偏移距离或 [通过(T)] <通过>: 75   //输入偏移距离

选择直线对象: //选择线段 *J*

指定向哪侧偏移: //在线段 *J* 的右边单击一点

选择直线对象： //按 Enter 键结束

结果如图2-55所示。

图2-55 画定位线

9. 画圆及平行线，如图 2-56 所示。

命令：_circle 指定圆的圆心或 [三点(3P)/两点(2P)/切点、切点、半径(T)]：

//捕捉交点 *M*，如图 2-56 所示

指定圆的半径或 [直径(D)] <142.5000>：16 //输入圆半径

命令： //重复命令

CIRCLE 指定圆的圆心或 [三点(3P)/两点(2P)/切点、切点、半径(T)]：

//捕捉交点 *N*

指定圆的半径或 [直径(D)] <16.0000>：16 //输入圆半径

命令： //重复命令

CIRCLE 指定圆的圆心或 [三点(3P)/两点(2P)/切点、切点、半径(T)]：

//捕捉交点 *M*

指定圆的半径或 [直径(D)] <16.0000>：44 //输入圆半径

命令：_offset //画平行线

指定偏移距离或 [通过(T)] <75.0000>：16 //输入偏移的距离

选择要偏移的对象或 <退出>： //选择线段 *L*

指定点以确定偏移所在一侧： //在线段 *L* 的上边单击一点

选择要偏移的对象或 <退出>： //选择线段 *L*

指定点以确定偏移所在一侧： //在线段 *L* 的下边单击一点

选择要偏移的对象或 <退出>： //按 Enter 键结束

命令：OFFSET //重复命令

指定偏移距离或 [通过(T)] <16.0000>：44 //输入偏移的距离

选择要偏移的对象或 <退出>： //选择线段 *L*

指定点以确定偏移所在一侧： //在线段 *L* 的上边单击一点

选择要偏移的对象或 <退出>： //选择线段 *L*

指定点以确定偏移所在一侧： //在线段 *L* 的下边单击一点

选择要偏移的对象或 <退出>： //按 Enter 键结束

结果如图 2-56 所示。修剪多余线条，结果如图 2-57 所示。

图2-56 画圆及平行线

图2-57 修剪结果

10. 用 LINE 命令绘制线段，如图 2-58 所示。

命令：_line 指定第一点：qua 于	//捕捉 A 点，如图 2-58 所示
指定下一点或 [放弃(U)]：	//从 A 点向下追踪并捕捉 B 点
指定下一点或 [放弃(U)]：	//按 Enter 键结束
命令：	//重复命令
LINE 指定第一点：42	//从 B 点向上追踪并输入追踪距离
指定下一点或 [放弃(U)]：35	//从 C 点向右追踪并输入追踪距离
指定下一点或 [放弃(U)]：	//从 D 点向下追踪并捕捉交点 E
指定下一点或 [闭合(C)/放弃(U)]：	//按 Enter 键结束
命令：	//重复命令
LINE 指定第一点：qua 于	//捕捉 F 点
指定下一点或 [放弃(U)]：	//从 F 点向下追踪并捕捉交点 G
指定下一点或 [放弃(U)]：	//按 Enter 键结束

结果如图 2-58 所示。

修剪多余线条，再调整某些线条的长度，结果如图 2-59 所示。

图2-58 绘制线段

图2-59 修剪线条及调整线条长度

【练习2-15】： 使用 LINE、CIRCLE 及 TRIM 等命令绘制图 2-60 所示的图形。

图2-60 绘制线段、圆及圆弧构成的平面图形

主要作图步骤如图 2-61 所示。

图2-61　主要作图步骤

2.7　习题

1.　打开极轴追踪、对象捕捉及自动追踪功能画线，如图 2-62 所示。

图2-62　利用极轴追踪、对象捕捉及自动追踪功能画线

2.　使用 OFFSET 及 TRIM 等命令绘图，如图 2-63 所示。

图2-63　使用 OFFSET 及 TRIM 等命令绘图

3. 绘制图 2-64 所示的图形。

图2-64 绘制圆、切线及过渡圆弧等

4. 绘制图 2-65 所示的图形。

图2-65 绘制线段、圆及过渡圆弧等（1）

5. 绘制图 2-66 所示的图形。

图2-66 绘制线段、圆及过渡圆弧等（2）

6. 绘制图 2-67 所示的图形。

图2-67 绘制斜线、切线等

第3章 绘制多边形、椭圆及填充剖面图案

【学习目标】
- 画矩形、正多边形及椭圆。
- 阵列及镜像对象。
- 绘制多段线，将连续线编辑成多段线。
- 创建等分点及测量点。
- 绘制断裂线及填充剖面图案。
- 创建面域，在面域间进行布尔运算。

通过学习本章，读者可以学会怎样创建多边形、椭圆、多段线、断裂线及填充剖面图案，掌握阵列和镜像对象的方法，并能够灵活运用相应命令绘制简单图形。

3.1 功能讲解——绘制多边形、阵列及镜像对象

本节主要内容包括绘制矩形、正多边形、椭圆、阵列及镜像对象等。

3.1.1 绘制矩形、正多边形及椭圆

RECTANG 命令用于绘制矩形，用户只需指定矩形对角线的两个端点就能绘制出矩形。绘制时，可指定顶点处的倒角距离及圆角半径。

POLYGON 命令用于绘制正多边形。多边形的边数可以从 3 到 1024。绘制方式包括根据外接圆生成多边形，或是根据内切圆生成多边形。

ELLIPSE 命令用于创建椭圆。绘制椭圆的默认方法是指定椭圆第一根轴线的两个端点及另一轴长度的一半。另外，也可通过指定椭圆中心、第一轴的端点及另一轴线的半轴长度来创建椭圆。

命令启动的方法如表 3-1 所示。

表 3-1　　　　　　　　　　　命令启动的方法

方式	绘制矩形	绘制正多边形	绘制椭圆
菜单命令	【绘图】/【矩形】	【绘图】/【多边形】	【绘图】/【椭圆】
面板	【绘图】面板上的 ▱ 按钮	【绘图】面板上的 ⬠ 按钮	【绘图】面板上的 ◯ 按钮
命令	RECTANG 或简写 REC	POLYGON 或简写 POL	ELLIPSE 或简写 EL

【练习3-1】：　打开附盘文件"dwg\第 3 章\3-1.dwg"，如图 3-1 左图所示。使用 RECTANG、POLYGON 及 ELLIPSE 等命令将左图修改为右图。

图3-1　绘制矩形、正多边形及椭圆

1. 打开极轴追踪、对象捕捉及自动追踪功能。设置极轴追踪角度增量为 "90"，设置对象捕捉方式为 "端点"、"交点"。

2. 使用 OFFSET、LINE 及 LENGTHEN 等命令形成正边形及椭圆的定位线，如图 3-2 左图所示。然后绘制矩形、五边形及椭圆，如图 3-2 右图所示。

命令：_rectang	//绘制矩形
指定第一个角点或 [倒角(C)/标高(E)/圆角(F)/厚度(T)/宽度(W)]: from	//使用正交偏移捕捉
基点：	//捕捉交点 A
<偏移>: @-8,6	//输入 B 点的相对坐标
指定另一个角点或 [面积(A)/尺寸(D)/旋转(R)]: @-10,21	//输入 C 点的相对坐标
命令：_polygon 输入侧面数 <4>: 5	//输入多边形的边数
指定正多边形的中心点或 [边(E)]:	//捕捉交点 D
输入选项 [内接于圆(I)/外切于圆(C)] <I>: I	//按内接于圆的方式画多边形
指定圆的半径：@7<122	//输入 E 点的相对坐标
命令：_ellipse	//绘制椭圆
指定椭圆的轴端点或 [圆弧(A)/中心点(C)]: c	//使用 "中心点(C)" 选项
指定椭圆的中心点：	//捕捉 F 点
指定轴的端点：@8<62	//输入 G 点的相对坐标
指定另一条半轴长度或 [旋转(R)]: 5	//输入另一半轴长度

结果如图 3-2 右图所示。

图3-2　绘制矩形、五边形及椭圆

3. 请读者绘制图形的其余部分，然后修改定位线所在的图层。
   常用的命令选项如表 3-2 所示。

表 3-2   命令选项的功能

命令	选项	功能
RECTANG	倒角(C)	指定矩形各顶点倒角的大小
	圆角(F)	指定矩形各顶点倒圆角的半径
	宽度(W)	设置矩形边的线宽
	面积(A)	先输入矩形面积，再输入矩形长度或宽度值创建矩形
	尺寸(D)	输入矩形的长、宽尺寸，创建矩形
	旋转(R)	设定矩形的旋转角度
POLYGON	边(E)	输入多边形边数后，再指定某条边的两个端点即可绘出多边形
	内接于圆(I)	根据外接圆生成正多边形
	外切于圆(C)	根据内切圆生成正多边形
ELLIPSE	圆弧(A)	绘制一段椭圆弧。过程是先画一个完整的椭圆，随后 AutoCAD 提示用户指定椭圆弧的起始角及终止角
	中心点(C)	通过椭圆中心点及长轴、短轴来绘制椭圆
	旋转(R)	按旋转方式绘制椭圆，即 AutoCAD 将圆绕直径转动一定角度后，再投影到平面上形成椭圆

3.1.2 矩形阵列对象

ARRAYRECT 命令用于创建矩形阵列。矩形阵列是指将对象按行、列方式进行排列。操作时，用户一般应指定阵列的行数、列数、行间距及列间距等，如果要沿倾斜方向生成矩形阵列，还应输入阵列的倾斜角度。

命令启动方法

* 菜单命令:【修改】/【阵列】/【矩形阵列】。
* 面板:【修改】面板上的 ⊞ 阵列 按钮。
* 命令: ARRAYRECT。

【练习3-2】:   打开附盘文件"dwg\第 3 章\3-2.dwg"，如图 3-3 左图所示。下面使用
               ARRAYRECT 命令将左图修改为右图。

图3-3   创建矩形阵列

1. 启动 ARRAYRECT 命令，创建图形对象 B 的矩形阵列。

   命令: _arrayrect

选择对象：指定对角点：找到 3 个　　　　　　　　//选择图形对象 *B*，如图 3-3 左图所示

　　　选择对象：　　　　　　　　　　　　　　　　　//按 Enter 键

打开【阵列创建】选项卡，在【列】面板的【列数】文本框中输入列数，在【介于】
文本框中输入列间距；在【行】面板的【行数】文本框中输入行数，在【介于】文本
框中输入行间距，如图 3-4 所示，然后单击 ✕ 按钮，关闭【阵列创建】选项卡。

图3-4　【阵列创建】选项卡

2.　使用 ROTATE 命令旋转阵列对象（ROTATE 命令详见 4.1.2 小节），如图 3-5 所示。

　　　命令：_rotate

　　　选择对象：指定对角点：找到 1 个　　　　　　　//选择阵列对象，如图 3-5 左图所示

　　　选择对象：　　　　　　　　　　　　　　　　　//按 Enter 键

　　　指定基点：　　　　　　　　　　　　　　　　　//捕捉圆心 *C*

　　　指定旋转角度，或 [复制(C)/参照(R)] <0>：40　　//输入旋转角度

结果如图 3-5 右图所示。

图3-5　旋转对象

3.　继续创建对象 *A* 的矩形阵列，结果如图 3-3 右图所示。阵列参数为行数"2"、列数
"3"、行间距"–18"、列间距"20"。

3.1.3　环形阵列对象

　　ARRAYPOLAR 用于创建环形阵列。环形阵列是指把对象绕阵列中心等角度均匀分布。
决定环形阵列的主要参数有阵列中心、阵列总角度及阵列数目。此外，用户也可通过输入阵
列总数及每个对象间的夹角来生成环形阵列。

命令启动方法

- 菜单命令：【修改】/【阵列】/【环形阵列】。
- 面板：【修改】面板上的 阵列 按钮。
- 命令：ARRAYPOLAR。

【练习3-3】：　打开附盘文件"dwg\第 3 章\3-3.dwg"，如图 3-6 左图所示。下面使用
　　　　　　　　ARRAYPOLAR 命令将左图修改为右图。

图3-6　创建环形阵列

1.　启动阵列命令，创建对象 *A* 的环形阵列。

　　命令：_arraypolar

　　选择对象：指定对角点：找到 2 个　　　　　　　　　//选择图形对象 *A*，如图 3-6 左图所示

　　选择对象：　　　　　　　　　　　　　　　　　//按 Enter 键

　　指定阵列的中心点或 [基点(B)/旋转轴(A)]：　　　//捕捉圆心 *B*

打开【阵列创建】选项卡，在【项目】面板的【项目数】文本框中输入环形阵列数，在【填充】文本框中输入填充角度，如图 3-7 所示，然后单击 ✕ 按钮，关闭【阵列创建】选项卡，阵列结果如图 3-6 右图所示。

图3-7　【阵列创建】选项卡

2.　继续创建对象 *C*、*D* 的环形阵列，结果如图 3-6 右图所示。

：指定阵列时是否旋转对象。"否"：AutoCAD 在阵列对象时，仅进行平移复制，即保持对象的方向不变。图 3-8 所示显示了该选项对阵列结果的影响。注意，此时的阵列基点设定在 *D* 点。AutoCAD 创建环形阵列时，将始终使对象上某点与阵列中心的距离保持不变，该点称为阵列基点。若阵列时不旋转对象，则"基点"对阵列效果影响很大，图 3-9 所示显示了将阵列基点设定在 *A*、*B* 处时的阵列效果。

图3-8　环形阵列　　　　　　　　　　图3-9　基点对阵列效果的影响

3.1.4　沿路径阵列对象

ARRAYPATH 命令用于沿路径阵列对象。路径阵列是指把对象沿路径或部分路径均匀分布。用于阵列的路径对象可以是直线、多段线、样条曲线、圆弧及圆等。创建路径阵列时需要

指定阵列项目数、项目间距等数值，还可设置阵列对象的方向及阵列对象是否与路径对齐。

命令启动方法

- 菜单命令：【修改】/【阵列】/【路径阵列】。
- 功能区：【修改】面板上的 阵列 按钮。
- 命令：ARRAYPATH。

【练习3-4】：　打开附盘文件"dwg\第 3 章\3-4.dwg"，如图 3-10 左图所示，用 ARRAYPATH 命令将左图修改为右图。

图3-10　沿路径阵列对象

命令：_arraypath

选择对象：找到 1 个　　　　　　　　　　　　　　　//选择对象 A，如图 3-10 左图所示

选择对象：　　　　　　　　　　　　　　　　　　//按 Enter 键

选择路径曲线：　　　　　　　　　　　　　　　　//选择曲线 B，如图 3-10 左图所示

打开【阵列创建】选项卡，在【项目】面板的【项目数】文本框中输入沿路径阵列的个数，然后单击【特性】面板上的 按钮，如图 3-11 所示，之后单击 按钮，关闭【阵列创建】选项卡，阵列结果如图 3-10 右图所示。

图3-11　【阵列创建】选项卡

要点提示

 ：使阵列的每个对象与路径方向对齐，否则阵列的每个对象保持起始方向，如图 3-12 所示。

图3-12　对齐项目

3.1.5　编辑关联阵列

选中关联阵列，弹出【阵列】选项卡，通过此选项卡可修改"阵列"的以下属性。

- 阵列的行数、列数及层数，行间距、列间距及层间距。

- 阵列的数目、项目间的夹角。
- 沿路径分布的对象间的距离、对齐方向。
- 修改阵列的源对象（其他对象自动改变），替换阵列中的个别对象。

【练习3-5】： 打开附盘文件"dwg\第 3 章\3-5.dwg"，沿路径阵列对象，如图 3-13 左图所示，然后将左图修改为右图。

图3-13 编辑阵列

1. 沿路径阵列对象，如图 3-13 左图所示。

命令: _arraypath	//启动路径阵列命令
选择对象：指定对角点：找到 3 个	//选择矩形，如图 3-13 左图所示
选择对象：	//按 Enter 键
选择路径曲线：	//选择圆弧路径

打开【阵列创建】选项卡，在【项目】面板的【项目数】文本框中输入沿路径阵列的个数，单击【特性】面板上的 按钮，如图 3-14 所示，然后单击 按钮，捕捉 A 点，再单击 按钮，捕捉 B 点、C 点，最后单击 按钮，关闭【阵列创建】选项卡。阵列结果如图 3-13 左图所示。

图3-14 【阵列创建】选项卡

2. 选中阵列，弹出【阵列】选项卡，单击 按钮，选择任意一个阵列对象，然后以矩形对角线交点为圆心画圆。

3. 单击【编辑阵列】面板中的 按钮，结果如图 3-13 右图所示。

3.1.6 镜像对象

对于对称图形，用户只需画出图形的一半，另一半可由 MIRROR 命令镜像出来。操作时，用户需先指定要对哪些对象进行镜像，然后再指定镜像线的位置即可。

命令启动方法

- 菜单命令：【修改】/【镜像】。
- 面板：【修改】面板上的 镜像 按钮。
- 命令：MIRROR 或简写 MI。

【练习3-6】： 打开附盘文件"dwg\第 3 章\3-6.dwg"，如图 3-15 左图所示。下面用 MIRROR 命令将左图修改为中图。

图3-15　镜像对象

```
命令：_mirror
选择对象：指定对角点：找到 13 个          //选择镜像对象
选择对象：                              //按 Enter 键
指定镜像线的第一点：                     //拾取镜像线上的第一点
指定镜像线的第二点：                     //拾取镜像线上的第二点
要删除源对象吗？[是(Y)/否(N)] <N>：      //按 Enter 键，默认镜像时不删除源对象
```

结果如图 3-15 中图所示。如果删除源对象，则结果如图 3-15 右图所示。

3.2　范例解析——绘制对称图形

【练习3-7】：　使用 LINE、OFFSET、ARRAY 及 MIRROR 等命令绘制如图 3-16 所示的图形。

图3-16　阵列及镜像对象

1. 打开极轴追踪、对象捕捉及自动追踪功能。设置极轴追踪角度增量为"90"，设定对象捕捉方式为"端点"、"圆心"和"交点"，设置沿正交方向进行自动追踪。
2. 设定绘图区域大小为 150×150，并使该区域充满整个图形窗口显示出来。
3. 用 LINE 命令画水平线段 A 及竖直线段 B，如图 3-17 所示。线段 A 的长度约为 80，线段 B 的长度约为 60。

图3-17　画线段 A、B

4. 画平行线 C、D、E、F，如图 3-18 所示。

命令：_offset	//画平行线 C
指定偏移距离或 [通过(T)] <51.0000>: 27	//输入偏移的距离
选择要偏移的对象或 <退出>:	//选择线段 A
指定要偏移的那一侧上的点：	//在线段 A 的上边单击一点
选择要偏移的对象或 <退出>:	//按 Enter 键结束

再绘制以下平行线。

- 向下偏移线段 C 至 D，偏移距离为 6。
- 向左偏移线段 B 至 E，偏移距离为 51。
- 向左偏移线段 B 至 F，偏移距离为 10.5。

结果如图 3-18 所示。修剪多余线条，结果如图 3-19 所示。

图3-18　画平行线

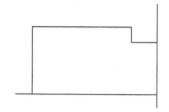
图3-19　修剪结果

5. 画线段 HI、IJ 和 JK，如图 3-20 所示。

命令：_line 指定第一点：5	//从 G 点向右追踪并输入追踪距离
指定下一点或 [放弃(U)]: 12	//从 H 点向下追踪并输入追踪距离
指定下一点或 [放弃(U)]: 4	//从 I 点向右追踪并输入追踪距离
指定下一点或 [闭合(C)/放弃(U)]:	//从 J 点向上追踪并捕捉交点 K
指定下一点或 [闭合(C)/放弃(U)]:	//按 Enter 键结束

结果如图 3-20 所示。

图3-20　画线段

6. 创建线框 A 的矩形阵列，如图 3-21 所示。

命令：_arrayrect	
选择对象：指定对角点：找到 3 个	//选择要阵列的图形对象 A，如图 3-21 所示
选择对象：	//按 Enter 键

打开【阵列创建】选项卡，在【列】面板的【列数】文本框中输入列数，在【介于】文本框中输入列间距；在【行】面板的【行数】文本框中输入行数，在【介于】文本框中输入行间距，如图 3-22 所示，然后单击 ✕ 按钮，关闭【阵列创建】选项卡。

图3-21　创建矩形阵列

图3-22　【阵列创建】选项卡

结果如图 3-22 所示。修剪多余线条，结果如图 3-23 所示。

图3-23　修剪结果

7. 对线框 *B* 进行镜像操作，如图 3-24 所示。

命令：_mirror

选择对象：指定对角点：找到 20 个　　　　　//选择线框 *B*，如图 3-24 所示

选择对象：　　　　　　　　　　　　　　　//按 Enter 键

指定镜像线的第一点：　　　　　　　　　　//捕捉端点 *C*

指定镜像线的第二点：　　　　　　　　　　//捕捉端点 *D*

要删除源对象？[是(Y)/否(N)] <N>：　　　//按 Enter 键结束

结果如图 3-24 所示。

8. 对线框 *E* 进行镜像操作，结果如图 3-25 所示。

图3-24　镜像对象

图3-25　再次镜像对象

9. 画圆和线段，如图 3-26 所示。

命令：_circle 指定圆的圆心或 [三点(3P)/两点(2P)/切点、切点、半径(T)]：17

　　　　　　　　　　　　　　　　　　　//从 *A* 点向右追踪并输入追踪距离

指定圆的半径或 [直径(D)]：6.5　　　　　//输入圆半径

命令：_line 指定第一点：　　　　　　　　//从圆心 *B* 向上追踪并捕捉交点 *C*

指定下一点或 [放弃(U)]：　　　　　　　　//从 *C* 点向左追踪并捕捉交点 *D*

指定下一点或 [放弃(U)]：　　　　　　　　//按 Enter 键结束

命令：　　　　　　　　　　　　　　　　　//重复命令

LINE 指定第一点：　　　　　　　　　　　//从圆心 *B* 向下追踪并捕捉交点 *E*

指定下一点或〔放弃(U)〕: 　　　　　　//从 E 点向左追踪并捕捉交点 F
指定下一点或〔放弃(U)〕: 　　　　　　//按 Enter 键结束

结果如图 3-26 所示。

图3-26　画圆和线段

10. 镜像线段 G、H 及圆 I，如图 3-27 所示。

　　命令: _mirror
　　选择对象: 指定对角点: 找到 20 个　　　//选择线段 G、H 及圆 I，如图 3-27 所示
　　选择对象: 　　　　　　　　　　　　　//按 Enter 键
　　指定镜像线的第一点: 　　　　　　　　//捕捉端点 J
　　指定镜像线的第二点: 　　　　　　　　//捕捉端点 K
　　要删除源对象？〔是(Y)/否(N)〕<N>: 　//按 Enter 键结束

结果如图 3-27 所示。

图3-27　镜像对象

11. 画圆 B，并创建圆 B 的环形阵列，如图 3-28 所示。

　　命令: _circle 指定圆的圆心或〔三点(3P)/两点(2P)/切点、切点、半径(T)〕: 12
　　　　　　　　　　　　　　　　　　　　//从 A 点向右追踪并输入追踪距离
　　指定圆的半径或〔直径(D)〕<8.5000>: 3　//输入圆半径
　　命令: _arraypolar
　　选择对象:找到 1 个　　　　　　　　　//选择要阵列的图形对象 B，如图 3-28 所示
　　选择对象: 　　　　　　　　　　　　　//按 Enter 键
　　指定阵列的中心点或〔基点(B)/旋转轴(A)〕://指定阵列中心捕捉 A 点，如图 3-28 所示

打开【阵列创建】选项卡，在【项目】面板的【项目数】文本框中输入环形阵列数，在【填充】文本框中输入填充角度，如图 3-29 所示，然后单击▨按钮，关闭【阵列创建】选项卡，阵列结果如图 3-28 所示。

图3-28　画圆并创建环形阵列

图3-29　【阵列创建】选项卡

【练习3-8】：　　使用 LINE、OFFSET、ARRAY 及 MIRROR 等命令绘制平面图形，如图 3-30 所示。

图3-30　绘制对称图形

1. 创建两个图层。

名称	颜色	线型	线宽
轮廓线层	白色	Continuous	0.5
中心线层	红色	Center	默认

2. 通过【线型控制】下拉列表打开【线型管理器】对话框，在此对话框中设定线型全局比例因子为 0.2。

3. 打开极轴追踪、对象捕捉及自动追踪功能。设置极轴追踪增角度增量为 "90"，设置对象捕捉方式为 "端点"、"交点"。

4. 设定绘图区域大小为 250×150。单击导航栏上的 按钮，使绘图区域充满整个图形窗口显示出来。

5. 切换到轮廓线层，绘制两条作图基准线 A、B，结果如图 3-31 所示。

6. 使用 OFFSET 及 TRIM 等命令绘制外轮廓线，结果如图 3-32 所示。

图3-31　绘制作图基准线 A、B　　　　　　　图3-32　绘制外轮廓线

7. 使用 LINE、CIRCLE 及 OFFSET 等命令绘制线框 C 和图形 D，结果如图 3-33 所示。

8. 使用 ARRAY 命令阵列线框 C 和圆 D，结果如图 3-34 所示。

图3-33 绘制线框 *C* 和图形 *D*

图3-34 阵列线框和圆

9. 使用 MIRROR 命令完成图形，结果如图 3-35 所示。

图3-35 用镜像命令绘制图形

3.3 功能讲解——多段线、等分点、断裂线及填充剖面图案

本节主要内容包括绘制多段线、点对象、断裂线、面域及填充剖面图案等。

3.3.1 绘制多段线

PLINE 命令用来创建二维多段线。多段线是由几条线段和圆弧构成的连续线条，它是一个单独的图形对象。对于图 3-36 所示的长槽及箭头就可以使用 PLINE 命令一次绘制出来。

在绘制图 3-36 所示图形的外轮廓时，也可利用多段线构图。用户首先使用 LINE、CIRCLE 等命令形成外轮廓线框，然后使用 PEDIT 命令将此线框编辑成一条多段线，使用 OFFSET 命令偏移多段线就形成了内轮廓线框。

【练习3-9】：   使用 LINE、PLINE 及 PEDIT 等命令绘制图 3-36 所示的图形。

图3-36 利用多段线构图

1. 创建两个图层。

名称	颜色	线型	线宽
轮廓线层	白色	Continuous	0.5
中心线层	红色	Center	默认

2. 设定线型全局比例因子为 0.2。设定绘图区域大小为 100×100，单击导航栏上的 按钮，使绘图区域充满整个图形窗口显示出来。

3. 打开极轴追踪、对象捕捉及自动追踪功能。设置极轴追踪角度增量为 "90"，设置对象捕捉方式为 "端点"、"交点"。

4. 使用 LINE、CIRCLE 及 TRIM 等命令绘制定位中心线及闭合线框 *A*，结果如图 3-37 所示。

5. 使用 PEDIT 命令将线框 *A* 编辑成一条多段线。单击【修改】面板上的 按钮或输入命令代号 PEDIT，启动编辑多段线命令。

```
命令: pedit
选择多段线或 [多条(M)]:                         //选择线框 A 中的一条线段
是否将其转换为多段线？<Y>                        //按 Enter 键
输入选项 [闭合(C)/合并(J)/宽度(W)/编辑顶点(E)/拟合(F)/样条曲线(S)/非曲线化(D)/
线型生成(L)/反转(R)/放弃(U)]: j                 //使用"合并(J)"选项
选择对象:总计 11 个                             //选择线框 A 中的其余线条
选择对象:                                      //按 Enter 键
输入选项 [闭合(C)/合并(J)/宽度(W)/编辑顶点(E)/拟合(F)/样条曲线(S)/非曲线化(D)/
线型生成(L)/反转(R)/放弃(U)]:                   //按 Enter 键结束
```

6. 使用 OFFSET 命令向内偏移线框 *A*，偏移距离为 2，结果如图 3-38 所示。

图3-37 绘制闭合线框 *A*

图3-38 偏移线框

7. 使用 PLINE 命令绘制长槽及箭头，如图 3-39 所示。单击【绘图】面板上的 按钮或输入命令代号 PLINE，启动绘制多段线命令。

```
命令: _pline
指定起点: 7                                    //从 B 点向右追踪并输入追踪距离
指定下一个点或 [圆弧(A)/半宽(H)/长度(L)/放弃(U)/宽度(W)]:
                                             //从 C 点向上追踪并捕捉交点 D
指定下一点或 [圆弧(A)/闭合(C)/半宽(H)/长度(L)/放弃(U)/宽度(W)]: a
                                             //使用"圆弧(A)"选项
指定圆弧的端点或[角度(A)/圆心(CE)/闭合(CL)/方向(D)/半宽(H)/直线(L)/半径(R)/第
二个点(S)/放弃(U)/宽度(W)]: 14                 //从 D 点向左追踪并输入追踪距离
指定圆弧的端点或[角度(A)/圆心(CE)/闭合(CL)/方向(D)/半宽(H)/直线(L)/半径(R)/第
```

二个点(S)/放弃(U)/宽度(W)]: l   //使用"直线(L)"选项

指定下一点或 [圆弧(A)/闭合(C)/半宽(H)/长度(L)/放弃(U)/宽度(W)]:

                              //从 E 点向下追踪并捕捉交点 F

指定下一点或 [圆弧(A)/闭合(C)/半宽(H)/长度(L)/放弃(U)/宽度(W)]: a

                              //使用"圆弧(A)"选项

指定圆弧的端点或[角度(A)/圆心(CE)/闭合(CL)/方向(D)/半宽(H)/直线(L)/半径(R)/第
二个点(S)/放弃(U)/宽度(W)]:   //从 F 点向右追踪并捕捉端点 C

指定圆弧的端点或[角度(A)/圆心(CE)/闭合(CL)/方向(D)/半宽(H)/直线(L)/半径(R)/第
二个点(S)/放弃(U)/宽度(W)]:   //按 Enter 键结束

命令:PLINE   //重复命令

指定起点: 20   //从 G 点向下追踪并输入追踪距离

指定下一个点或 [圆弧(A)/半宽(H)/长度(L)/放弃(U)/宽度(W)]: w

                              //使用"宽度(W)"选项

指定起点宽度 <0.0000>: 5   //输入多段线起点宽度值

指定端点宽度 <5.0000>:   //按 Enter 键

指定下一个点或 [圆弧(A)/半宽(H)/长度(L)/放弃(U)/宽度(W)]: 12

                              //向右追踪并输入追踪距离

指定下一点或 [圆弧(A)/闭合(C)/半宽(H)/长度(L)/放弃(U)/宽度(W)]: w

                              //使用"宽度(W)"选项

指定起点宽度 <5.0000>: 10   //输入多段线起点宽度值

指定端点宽度 <10.0000>: 0   //输入多段线终点宽度值

指定下一点或 [圆弧(A)/闭合(C)/半宽(H)/长度(L)/放弃(U)/宽度(W)]: 15

                              //向右追踪并输入追踪距离

指定下一点或 [圆弧(A)/闭合(C)/半宽(H)/长度(L)/放弃(U)/宽度(W)]:

                              //按 Enter 键结束

结果如图 3-39 所示。

图3-39 绘制长槽及箭头

3.3.2 点对象、等分点及测量点

在 AutoCAD 中可用 POINT 命令创建单独的点对象，这些点可用"NOD"进行捕捉。点的外观由点样式控制，一般在创建点之前设置点的样式，但也可先绘制点，再设置点样式。

DIVIDE 命令根据等分数目在图形对象上放置等分点，这些点并不分割对象，只是标明

等分的位置。AutoCAD 中可等分的图形元素包括线段、圆、圆弧、样条线及多段线等。

MEASURE 命令用于在图形对象上按指定的距离放置点对象，对于不同类型的图形元素，距离测量的起始点是不同的。当操作对象为线段、圆弧或多段线时，起始点位于距选择点最近的端点。如果是圆，则一般从 0° 角开始进行测量。

【练习3-10】：打开附盘文件 "dwg\第 3 章\3-10.dwg"，如图 3-40 左图所示。用 POINT、DIVIDE 及 MEASURE 等命令将左图修改为右图。

图3-40 创建点对象

1. 设置点样式。单击【实用工具】面板上的 点样式... 按钮，打开【点样式】对话框，如图 3-41 所示。该对话框提供了多种样式的点，用户可根据需要选择其中一种，此外，还能通过【点大小】文本框指定点的大小。点的大小既可相对于屏幕大小来设置，也可直接输入点的绝对尺寸。

2. 创建等分点及测量点，如图 3-42 左图所示。

(1) 单击【绘图】面板上的 按钮或输入命令代号 DIVIDE，启动创建等分点命令。

    命令：_divide

    选择要定数等分的对象：   //选择多段线 A，如图 3-42 左图所示

    输入线段数目或 [块(B)]：10   //输入等分的数目

(2) 单击【绘图】面板上的 按钮或输入命令代号 MEASURE，启动创建测量点命令。

    命令：_measure

    选择要定距等分的对象：   //在 B 端处选择线段

    指定线段长度或 [块(B)]：36   //输入测量长度

    命令：MEASURE   //重复命令

    选择要定距等分的对象：   //在 C 端处选择线段

    指定线段长度或 [块(B)]：36   //输入测量长度

结果如图 3-42 左图所示。

3. 绘制圆及圆弧，结果如图 3-42 右图所示。

图3-41 【点样式】对话框   图3-42 创建等分点并画圆

3.3.3 绘制断裂线及填充剖面图案

SPLINE 命令用于绘制光滑曲线，该线是样条线，AutoCAD 通过拟合给定的一系列数据点形成这条曲线。绘制机械图时，可利用 SPLINE 命令形成断裂线。

HATCH 命令可在闭合的区域内生成填充图案。启动该命令后，用户选择图案类型，再指定填充比例、图案旋转角度及填充区域，就可生成图案填充。

HATCHEDIT 命令用于编辑填充图案，如改变图案的角度、比例或用其他样式的图案填充图形等，其用法与 HATCH 命令类似。

【练习3-11】： 打开附盘文件"dwg\第 3 章\3-11.dwg"，如图 3-43 左图所示。使用 SPLINE 和 BHATCH 等命令将左图修改为右图。

图3-43　绘制断裂线及填充剖面图案

1. 绘制断裂线，如图 3-44 左图所示。单击【绘图】面板上的 按钮或输入命令代号 SPLINE，启动绘制样条曲线命令。

　　　　命令：_spline　　　　　　　　　　　　　　　　　　　//画样条曲线
　　　　指定第一个点或 [方式(M)/节点(K)/对象(O)]：　　　　//单击 A 点
　　　　输入下一个点或 [起点切向(T)/公差(L)]：　　　　　　//单击 B 点
　　　　输入下一个点或 [端点相切(T)/公差(L)/放弃(U)]：　　//单击 C 点
　　　　输入下一个点或 [端点相切(T)/公差(L)/放弃(U)/闭合(C)]：　//单击 D 点
　　　　输入下一个点或 [端点相切(T)/公差(L)/放弃(U)/闭合(C)]：　//按 Enter 键

修剪多余线条，结果如图 3-44 右图所示。

图3-44　绘制断裂线

2. 单击【绘图】面板上的 按钮或输入命令代号 HATCH，启动图案填充命令，打开【图案填充创建】选项卡，如图 3-45 所示。

图3-45   【图案填充创建】选项卡

3. 在【图案】面板上选择剖面图案 "ANSI31"；在【特性】面板的【角度】文本框中输入图案旋转角度值 "90"，在【比例】文本框中输入数值 "1.5"，如图 3-45 所示。

4. 在【边界】面板中单击 ⊞ 按钮（拾取点），则 AutoCAD 提示 "拾取内部点或 [选择对象(S)/放弃(U)/设置(T)]:"，移动鼠标光标到想要填充的区域内单击 E、F、G、H 点，如图 3-46 所示，此时可以看到 AutoCAD 自动寻找一个闭合的边界及填充预览图。

> **要点提示**　在【特性】面板的【角度】文本框中输入的数值并不是剖面线与 x 轴的倾斜角度，而是剖面线以初始方向为起始位置的转动角度。该值可正、可负，若是正值，则剖面线沿逆时针方向转动，否则，按顺时针方向转动。对于 "ANSI31" 图案，当分别输入角度值 "-45"、"90"、"15" 时，剖面线与 x 轴的夹角分别是 0°、135°、60°。

5. 观察填充的预览图，将【比例】文本框中的数值改为 "0.5"，结果如图 3-47 所示。

图3-46　填充剖面图案

图3-47　修改剖面图案

6. 单击 ✕ 按钮，完成剖面图案的绘制。

7. 请读者创建其余填充图案。

3.4　范例解析——阵列对象及填充剖面图案

【练习3-12】：　使用 LINE、OFFSET 及 ARRAY 等命令绘制轮芯零件图，如图 3-48 所示。

图3-48　绘制轮芯零件图

1. 创建 3 个图层。

名称	颜色	线型	线宽
轮廓线层	白色	Continuous	0.5
虚线层	黄色	Dashed	默认
中心线层	红色	Center	默认

2. 设定线型全局比例因子为 0.5。设定绘图区域大小为 500×500，单击导航栏上的 ⬚ 按钮，使绘图区域充满整个图形窗口显示出来。

3. 打开极轴追踪、对象捕捉及自动追踪功能。设置极轴追踪角度增量为 "90"，设置对象捕捉方式为 "端点"、"交点"。

4. 切换到轮廓线层，绘制两条作图基准线 *A*、*B*，如图 3-49 左图所示。线段 *A* 的长度约为 180，线段 *B* 的长度约为 400。

5. 以线段 *A*、*B* 为基准线，使用 OFFSET、LINE、TRIM 及 MIRROR 等命令形成零件主视图，结果如图 3-49 右图所示。

6. 绘制左视图定位线 *C*、*D*，然后绘制圆，结果如图 3-50 所示。

7. 绘制圆角和键槽等细节，再将轴线和定位线等修改到中心线层上。

图3-49 绘制零件主视图   图3-50 绘制定位线及圆

3.5 功能讲解——面域造型

域（REGION）是指二维的封闭图形，它可由直线、多段线、圆、圆弧及样条曲线等对象围成，但应保证相邻对象间共享连接的端点，否则将不能创建域。域是一个单独的实体，具有面积、周长、形心等几何特征，使用它作图与传统的作图方法是截然不同的，此时可采用 "并"、"交"、"差" 等布尔运算来构造不同形状的图形，图 3-51 所示显示了 3 种布尔运算的结果。

图3-51 布尔运算

3.5.1 创建面域

REGION 命令用于生成面域，启动该命令后，用户选择一个或多个封闭图形，就能创建出面域。

【练习3-13】：打开附盘文件"dwg\第 3 章\3-13.dwg"，如图 3-52 所示。用 REGION 命令将该图创建成面域。

单击【绘图】面板上的 按钮或输入命令代号 REGION，启动创建面域命令。

```
命令: _region
选择对象: 找到 7 个                    //选择矩形及两个圆，如图 3-52 所示
选择对象:                             //按 Enter 键结束
```

图 3-52 中包含了 3 个闭合区域，因而 AutoCAD 创建了 3 个面域。

图3-52 创建面域

面域以线框的形式显示出来，用户可以对面域进行移动、复制等操作，还可用 EXPLODE 命令分解面域，使其还原为原始图形对象。

3.5.2 并运算

并运算将所有参与运算的面域合并为一个新面域。

【练习3-14】：打开附盘文件"dwg\第 3 章\3-14.dwg"，如图 3-53 左图所示。使用 UNION 命令将左图修改为右图。

选取菜单命令【修改】/【实体编辑】/【并集】或输入命令代号 UNION，启动并运算命令。

```
命令: union
选择对象: 找到 7 个                    //选择 5 个面域，如图 3-53 左图所示
选择对象:                             //按 Enter 键结束
```

结果如图 3-53 右图所示。

图3-53 执行并运算

3.5.3 差运算

用户可利用差运算从一个面域中去掉一个或多个面域，从而形成一个新面域。

【练习3-15】： 打开附盘文件"dwg\第 3 章\3-15.dwg"，如图 3-54 左图所示。使用 SUBTRACT 命令将左图修改为右图。

选取菜单命令【修改】/【实体编辑】/【差集】或输入命令代号 SUBTRACT，启动差运算命令。

命令：subtract

选择对象：找到 1 个　　　　　　　　　　//选择大圆面域，如图 3-54 左图所示

选择对象：　　　　　　　　　　　　　　//按 Enter 键

选择对象：总计 4 个　　　　　　　　　　//选择 4 个小圆面域

选择对象　　　　　　　　　　　　　　　//按 Enter 键结束

结果如图 3-54 右图所示。

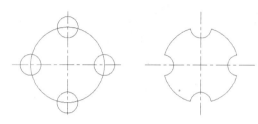

图3-54　执行差运算

3.5.4　交运算

交远算可以求出各个相交面域的公共部分。

【练习3-16】： 打开附盘文件"dwg\第 3 章\3-16.dwg"，如图 3-55 左图所示。使用 INTERSECT 命令将左图修改为右图。

选取菜单命令【修改】/【实体编辑】/【交集】或输入命令代号 INTERSECT，启动交运算命令。

命令：intersect

选择对象：找到 2 个　　　　　　　　　　//选择圆面域及矩形面域，如图 3-55 左图所示

选择对象：　　　　　　　　　　　　　　//按 Enter 键结束

结果如图 3-55 右图所示。

图3-55　执行交运算

3.6　范例解析——面域造型应用实例

面域造型的特点是通过面域对象的并、交或差运算来创建图形，当图形边界比较复杂时，这种作图法的效率是很高的。要采用这种方法作图，首先必须对图形进行分析，以确定

应生成哪些面域对象，然后考虑如何进行布尔运算以形成最终的图形。例如，对于图 3-56 所示的图形，可看成是由一系列矩形面域组成，对这些面域进行并运算就形成了所需的图形。

【**练习3-17**】： 利用面域造型法绘制图 3-56 所示的图形。

图3-56   面域及布尔运算

1.   绘制两个矩形并将它们创建成面域，如图 3-57 所示。

图3-57   绘制矩形并创建面域

2.   阵列矩形，再进行镜像操作，结果如图 3-58 所示。

图3-58   阵列矩形并镜像

3.   对所有矩形面域执行并运算，结果如图 3-59 所示。

图3-59   执行并运算

3.7 实训——绘制椭圆、多边形等

【练习3-18】：使用 RECTANG、OFFSET、POLYGON 及 ELLIPSE 等命令绘图，如图 3-60 所示。

图3-60 绘制矩形、正多边形及椭圆（1）

主要作图步骤如图 3-61 所示。

图3-61 主要作图步骤

【练习3-19】：使用 RECTANG、POLYGON 及 ELLIPSE 等命令绘图，如图 3-62 所示。

图3-62 绘制矩形、正多边形及椭圆（2）

主要作图步骤如图 3-63 所示。

图3-63 主要作图步骤

3.8 综合案例——绘制多边形、椭圆等对象构成的平面图形

【练习3-20】：使用 POLYGON、ELLIPSE 等命令绘制图 3-64 所示的平面图形。

图3-64 绘制平面图形

1. 绘制椭圆，如图 3-65 所示。单击【绘图】面板上的 按钮或输入命令代号 ELLIPSE，启动绘制椭圆命令。

命令：_ellipse	
指定椭圆的轴端点或 [圆弧(A)/中心点(C)]:	//单击 A 点，如图 3-65 所示
指定轴的另一个端点: @68<30	//输入 B 点的相对坐标
指定另一条半轴长度或 [旋转(R)]: 15.5	//输入椭圆另一轴长度的一半
命令:ELLIPSE	//重复命令
指定椭圆的轴端点或 [圆弧(A)/中心点(C)]: c	//使用"中心点(C)"选项
指定椭圆的中心点: cen 于	//捕捉椭圆中心点 C
指定轴的端点: @0,34	//输入 D 点的相对坐标
指定另一条半轴长度或 [旋转(R)]: 15.5	//输入椭圆另一轴长度的一半
命令:ELLIPSE	//重复命令
指定椭圆的轴端点或 [圆弧(A)/中心点(C)]: c	//使用"中心点(C)"选项

指定椭圆的中心点：cen 于　　　　　　　　　　　//捕捉椭圆中心点 C

指定轴的端点：@34<150　　　　　　　　　　　//输入 E 点的相对坐标

指定另一条半轴长度或 [旋转(R)]：15.5　　　//输入椭圆另一轴长度的一半

结果如图 3-65 所示。

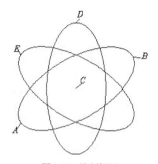

图3-65　绘制椭圆

2. 绘制等边三角形，如图 3-66 所示。单击【绘图】面板上的按钮或输入命令代号 POLYGON，启动绘制正多边形命令。

命令：_polygon 输入边的数目 <6>：3　　　　　　//输入多边形的边数

指定正多边形的中心点或 [边(E)]：cen 于　　　　//捕捉椭圆中心点 C

输入选项 [内接于圆(I)/外切于圆(C)] <C>：I　　//使用"内接于圆(I)"选项

指定圆的半径：int 于　　　　　　　　　　　　　//捕捉交点 F

结果如图 3-66 所示。

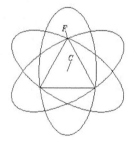

图3-66　绘制等边三角形

3. 绘制正六边形，如图 3-67 所示。

命令：_polygon 输入边的数目 <5>：6　　　　　　//输入多边形的边数

指定正多边形的中心点或 [边(E)]：cen 于　　　　//捕捉椭圆中心点 C

输入选项 [内接于圆(I)/外切于圆(C)] <I>：c　　//使用"外切于圆(C)"选项

指定圆的半径：@34<30　　　　　　　　　　　　　//输入 G 点的相对坐标

结果如图 3-67 所示。

图3-67　绘制正六边形

【**练习3-21**】： 使用 RECTANG、POLYGON 及 ELLIPSE 等命令绘图，如图 3-68 所示。

图3-68 绘制矩形、正多边形及椭圆（3）

主要作图步骤如图 3-69 所示。

图3-69 主要作图步骤

3.9 习题

1. 绘制图 3-70 所示的图形。

图3-70 绘制对称图形

2. 绘制图 3-71 所示的图形。

图3-71 创建矩形及环形阵列

3. 绘制图 3-72 所示的图形。

图3-72 创建多边形及阵列对象

4. 绘制图 3-73 所示的图形。

图3-73 绘制圆、切线及阵列对象

5. 绘制图 3-74 所示的图形。

图3-74　创建椭圆及阵列对象

6.　绘制图 3-75 所示的图形。

图3-75　填充剖面图案及阵列对象

第4章 编辑图形

【学习目标】

- 移动及复制对象。
- 把对象旋转某一角度或从当前位置旋转到新位置。
- 将一图形对象与另一图形对象对齐。
- 沿某一方向拉伸图形及指定基点缩放图形。
- 利用关键点拉伸、移动、复制、旋转、比例缩放及镜像对象。
- 编辑图形元素的颜色、线型及图层等属性。

通过学习本章，读者可以掌握移动、复制、旋转、对齐、拉伸及按比例缩放图形的方法，了解关键点编辑方式，并学会一些编辑技巧。

4.1 功能讲解——改变图形位置、调整图形倾斜方向及形状

本节主要内容包括移动、复制、旋转、对齐、拉伸及比例缩放对象。

4.1.1 移动及复制对象

移动及复制图形的命令分别是 MOVE 和 COPY，这两个命令的使用方法相似。启动 MOVE 或 COPY 命令后，首先选择要移动或复制的对象，然后通过两点或直接输入位移值指定对象移动的距离和方向，AutoCAD 就将图形元素从原位置移动或复制到新位置。

命令启动的方法如表 4-1 所示。

表 4-1   命令启动的方法

方式	移动	复制
菜单命令	【修改】/【移动】	【修改】/【复制】
面板	【修改】面板上的 ✛移动 按钮	【修改】面板上的 ⬭复制 按钮
命令	MOVE 或简写 M	COPY 或简写 CO

【练习4-1】： 打开附盘文件 "dwg\第 4 章\4-1.dwg"，如图 4-1 左图所示。用 MOVE 及 COPY 等命令将左图修改为右图。

1. 移动及复制对象，如图 4-2 所示。

```
命令: _move
选择对象: 指定对角点: 找到 3 个              //选择对象 A，如图 4-2 左图所示
选择对象:                                    //按 Enter 键确认
指定基点或 [位移(D)] <位移>: 12,5            //输入沿 x、y 轴移动的距离
```

指定第二个点或 <使用第一个点作为位移>：　　　　　　　　　//按 Enter 键结束

命令：_copy

选择对象：指定对角点：找到 7 个　　　　　　　　　　　　//选择对象 B

选择对象：　　　　　　　　　　　　　　　　　　　　　　　//按 Enter 键确认

指定基点或 [位移(D)/模式(O)] <位移>：　　　　　　　　　//捕捉交点 C

指定第二个点或 [阵列(A)] <使用第一个点作为位移>：　　 //捕捉交点 D

命令：_copy　　　　　　　　　　　　　　　　　　　　　　//重复命令

选择对象：指定对角点：找到 7 个　　　　　　　　　　　　//选择对象 E

选择对象：　　　　　　　　　　　　　　　　　　　　　　　//按 Enter 键

指定基点或 [位移(D)/模式(O)] <位移>：17<-80　　　　　 //指定复制的距离及方向

指定第二个点或 [阵列(A)] <使用第一个点作为位移>：　　 //按 Enter 键结束

结果如图 4-2 右图所示。

图4-1　移动及复制对象

图4-2　移动对象 A 及复制对象 B、E

2.　请读者绘制图形的其余部分。

　　使用 MOVE 或 COPY 命令时，可通过以下方式指明对象移动或复制的距离和方向。

- 在屏幕上指定两个点，这两点的距离和方向代表了实体移动的距离和方向。当 AutoCAD 提示"指定基点"时，指定移动的基准点。在 AutoCAD 提示"指定第二个点"时，捕捉第二点或输入第二点相对于基准点的相对直角坐标或极坐标。

- 以 "x,y" 方式输入对象沿 x、y 轴移动的距离，或用 "距离<角度" 方式输入对象位移的距离和方向。当 AutoCAD 提示"指定基点"时，输入位移值。在 AutoCAD 提示"指定第二个点"时，按 Enter 键确认，这样 AutoCAD 就以输入的位移值来移动图形对象。

- 打开正交或极轴追踪功能，就能方便地将实体只沿 x 或 y 轴方向移动。当 AutoCAD 提示"指定基点"时，单击一点并把实体向水平或竖直方向移动，然后输入位移的数值。

- 使用"位移(D)"选项。启动该选项后，AutoCAD 提示"指定位移"。此时，以"x,y"方式输入对象沿 x、y 轴移动的距离，或以"距离<角度"方式输入对象位移的距离和方向。

4.1.2 旋转对象

ROTATE 命令用于旋转图形对象，改变图形对象的方向。使用此命令时，用户指定旋转基点并输入旋转角度就可以转动图形对象。此外，也可以某个方位作为参照位置，然后选择一个新对象或输入一个新角度值来指明要旋转到的位置。

一、命令启动方法

- 菜单命令：【修改】/【旋转】。
- 面板：【修改】面板上的 ⟳ 旋转 按钮。
- 命令：ROTATE 或简写 RO。

【练习4-2】： 打开附盘文件"dwg\第 4 章\4-2.dwg"，使用 LINE、CIRCLE 及 ROTATE 等命令将图 4-3 中的左图修改为右图。

图4-3 旋转对象

1. 使用 ROTATE 命令旋转对象 A，如图 4-4 所示。

```
命令：_rotate
选择对象：指定对角点：找到 7 个              //选择图形对象 A，如图 4-4 左图所示
选择对象：                                 //按 Enter 键
指定基点：                                 //捕捉圆心 B
指定旋转角度，或 [复制(C)/参照(R)] <70>： c   //使用"复制(C)"选项
指定旋转角度，或 [复制(C)/参照(R)] <70>： 59  //输入旋转角度
命令：ROTATE                               //重复命令
选择对象：指定对角点：找到 7 个              //选择图形对象 A
选择对象：                                 //按 Enter 键
指定基点：                                 //捕捉圆心 B
指定旋转角度，或 [复制(C)/参照(R)] <59>： c   //使用"复制(C)"选项
指定旋转角度，或 [复制(C)/参照(R)] <59>： r   //使用"参照(R)"选项
指定参照角 <0>：                           //捕捉 B 点
```

指定第二点：　　　　　　　　　　　　　　　　　　//捕捉 *C* 点

指定新角度或［点(P)］<0>：　　　　　　　　　　　//捕捉 *D* 点

结果如图 4-4 右图所示。

图4-4　旋转对象 *A*

2. 请读者绘制图形其余部分。

二、 命令选项

- 指定旋转角度：指定旋转基点并输入绝对旋转角度来旋转实体。旋转角度是基于当前用户坐标系测量的。如果输入负的旋转角度，则选定的对象沿顺时针方向旋转，否则，将沿逆时针方向旋转。
- 复制(C): 旋转对象的同时复制对象。
- 参照(R): 指定某个方向作为起始参照角，然后拾取一个点或两个点来指定源对象要旋转到的位置，也可以输入新角度值来指明要旋转到的位置。

4.1.3　对齐对象

ALIGN 命令可以同时移动、旋转一个对象使之与另一对象对齐。例如，用户可以使图形对象中的某点、某条直线或某一个面（三维实体）与另一实体的点、线或面对齐。操作过程中用户只需按照系统提示指定源对象与目标对象的一点、两点或三点对齐就可以了。

命令启动方法

- 菜单命令：【修改】/【三维操作】/【对齐】。
- 面板：【修改】面板上的 按钮。
- 命令：ALIGN 或简写 AL。

【练习4-3】：　打开附盘文件 "dwg\第 4 章\4-3.dwg"，使用 LINE、CIRCLE 及 ALIGN 等命令将图 4-5 中的左图修改为右图。

图4-5　对齐图形

1. 用 XLINE 命令绘制定位线 C、D，如图 4-6 左图所示，再用 ALIGN 命令将图形 E 定位到正确的位置，如图 4-6 右图所示。

    命令: _xline 指定点或 [水平(H)/垂直(V)/角度(A)/二等分(B)/偏移(O)]: from
                                                         //使用正交偏移捕捉

    基点: //捕捉基点 A

    <偏移>: @12,11   //输入 B 点的相对坐标

    指定通过点: <16   //设定画线 D 的角度

    指定通过点: //单击一点

    指定通过点: <106   //设定画线 C 的角度

    指定通过点: //单击一点

    指定通过点: //按 Enter 键结束

    命令: align   //启动对齐命令

    选择对象: 指定对角点: 找到 15 个   //选择图形 E

    选择对象: //按 Enter 键

    指定第一个源点: //捕捉第一个源点 F

    指定第一个目标点: //捕捉第一个目标点 B

    指定第二个源点: //捕捉第二个源点 G

    指定第二个目标点: nea 到   //在直线 D 上捕捉一点

    指定第三个源点或 <继续>:   //按 Enter 键

    是否基于对齐点缩放对象? [是(Y)/否(N)] <否>:   //按 Enter 键不缩放源对象

    结果如图 4-6 右图所示。

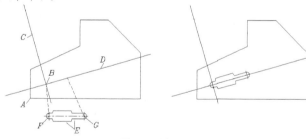

图4-6 对齐图形 E

2. 绘制定位线 H、I 及图形 J，如图 4-7 左图所示。用 ALIGN 命令将图形 J 定位到正确的位置，结果如图 4-7 右图所示。

图4-7 对齐图形 J

4.1.4　拉伸对象

STRETCH 命令可以一次将多个图形对象沿指定的方向进行拉伸，编辑过程中必须用交叉窗口选择对象，除被选中的对象外，其他图元的大小及相互间的几何关系将保持不变。

命令启动方法

- 菜单命令：【修改】/【拉伸】。
- 面板：【修改】面板上的 拉伸 按钮。
- 命令：STRETCH 或简写 S。

【练习4-4】：　打开附盘文件"dwg\第 4 章\4-4.dwg"，使用 STRETCH 命令将图 4-8 中的左图修改为右图。

图4-8　拉伸图形

1. 打开极轴追踪、对象捕捉及自动追踪功能。
2. 调整槽 *A* 的宽度及槽 *D* 的深度，如图 4-9 所示。

命令：_stretch	
选择对象：	//单击 *B* 点，如图 4-9 左图所示
指定对角点：找到 17 个	//单击 *C* 点
选择对象：	//按 Enter 键
指定基点或 [位移(D)] <位移>：	//单击一点
指定第二个点或 <使用第一个点作位移>：10	//向右追踪并输入追踪距离
命令：STRETCH	//重复命令
选择对象：	//单击 *E* 点，如图 4-9 左图所示
指定对角点：找到 5 个	//单击 *F* 点
选择对象：	//按 Enter 键
指定基点或 [位移(D)] <位移>：10<-60	//输入拉伸的距离及方向
指定第二个点或 <使用第一个点作为位移>：	//按 Enter 键结束

结果如图 4-9 右图所示。

图4-9　拉伸对象

3. 请读者用 STRETCH 命令修改图形的其他部分。

使用 STRETCH 命令时，首先应利用交叉窗口选择对象，然后指定对象拉伸的距离和方向。凡在交叉窗口中的对象顶点都被移动，而与交叉窗口相交的对象将被延伸或缩短。

设定拉伸距离和方向的方法如下。

- 在屏幕上指定两个点，这两点的距离和方向代表了拉伸实体的距离和方向。
- 当 AutoCAD 提示"指定基点"时，指定拉伸的基准点。当 AutoCAD 提示"指定第二个点"时，捕捉第二点或输入第二点相对于基准点的相对直角坐标或极坐标。
- 以"x,y"方式输入对象沿 x、y 轴拉伸的距离，或用"距离<角度"方式输入拉伸的距离和方向。
- 当 AutoCAD 提示"指定基点"时，输入拉伸值。在 AutoCAD 提示"指定第二个点"时，按 Enter 键确认，这样 AutoCAD 就以输入的拉伸值来拉伸对象。
- 打开正交或极轴追踪功能，就能方便地将实体只沿 x 或 y 轴方向拉伸。
- 当 AutoCAD 提示"指定基点"时，单击一点并把实体向水平或竖直方向拉伸，然后输入拉伸值。
- 使用"位移(D)"选项。选择该选项后，AutoCAD 提示"指定位移"，此时，以"x,y"方式输入沿 x、y 轴拉伸的距离，或以"距离<角度"方式输入拉伸的距离和方向。

4.1.5 按比例缩放对象

SCALE 命令可用于将对象按指定的比例因子相对于基点放大或缩小，也可把对象缩放到指定的尺寸。

一、 命令启动方法

- 菜单命令:【修改】/【缩放】。
- 面板:【修改】面板上的 缩放 按钮。
- 命令: SCALE 或简写 SC。

【练习4-5】: 打开附盘文件 "dwg\第 4 章\4-5.dwg"，使用 SCALE 命令将图 4-10 中的左图修改为右图。

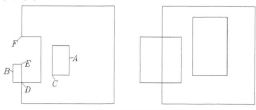

图4-10 按比例缩放图形

命令: _scale
选择对象: 找到 1 个   //选择矩形 A，如图 4-10 左图所示
选择对象: //按 Enter 键
指定基点: //捕捉交点 C
指定比例因子或[复制(C)/参照(R)] <1.0000>: 2   //输入缩放比例因子

命令: _SCALE	//重复命令
选择对象: 找到 4 个	//选择线框 B
选择对象:	//按 Enter 键
指定基点:	//捕捉交点 D
指定比例因子或 [复制(C)/参照(R)] <2.0000>: r	//使用 "参照(R)" 选项
指定参照长度 <1.0000>:	//捕捉交点 D
指定第二点:	//捕捉交点 E
指定新的长度或 [点(P)] <1.0000>:	//捕捉交点 F

结果如图 4-10 右图所示。

二、 命令选项

- 指定比例因子: 直接输入缩放比例因子，AutoCAD 根据此比例因子缩放图形。若比例因子小于 1，则缩小对象; 否则，放大对象。
- 复制(C): 缩放对象的同时复制对象。
- 参照(R): 以参照方式缩放图形。用户输入参考长度及新长度，AutoCAD 把新长度与参考长度的比值作为缩放比例因子进行缩放。
- 点(P): 使用两点来定义新的长度。

4.2　范例解析——利用复制、旋转、拉伸及对齐命令绘图

【练习4-6】: 打开附盘文件 "dwg\第 4 章\4-6.dwg"，如图 4-11 左图所示，使用 LINE、COPY、ROTATE 及 ALIGN 等命令将左图修改为右图。

图4-11　用旋转及对齐命令绘图

1. 打开极轴追踪、对象捕捉及自动追踪功能。设置极轴追踪角度增量为 "90"，设定对象捕捉方式为 "端点"、"圆心" 和 "交点"，设置仅沿正交方向进行捕捉追踪。
2. 画线段和圆，如图 4-12 所示。

命令: _line 指定第一点:	//捕捉 A 点
指定下一点或 [放弃(U)]: 26	//从 A 点向左追踪并输入追踪距离
指定下一点或 [放弃(U)]: 8	//从 B 点向上追踪并输入追踪距离
指定下一点或 [闭合(C)/放弃(U)]: 9	//从 C 点向左追踪并输入追踪距离
指定下一点或 [闭合(C)/放弃(U)]: 43	//从 D 点向下追踪并输入追踪距离
指定下一点或 [闭合(C)/放弃(U)]: 9	//从 E 点向右追踪并输入追踪距离

指定下一点或 [闭合(C)/放弃(U)]：   //在 G 点处建立追踪参考点

                                             //从 F 点向上追踪并确定 H 点

指定下一点或 [闭合(C)/放弃(U)]：   //从 H 点向右追踪并捕捉 G 点

指定下一点或 [闭合(C)/放弃(U)]：   //按 Enter 键结束

命令： _circle 指定圆的圆心或 [三点(3P)/两点(2P)/切点、切点、半径(T)]： 26

                                             //从 I 点向左追踪并输入追踪距离

指定圆的半径或 [直径(D)]： 3.5   //输入圆半径

结果如图 4-12 所示。

3. 旋转线框 J 及圆 K，如图 4-13 所示。

    命令： _rotate

    选择对象：指定对角点：找到 8 个   //选择线框 J 及圆 K

    选择对象：   //按 Enter 键

    指定基点：   //捕捉交点 L

    指定旋转角度或 [参照(R)]： 72   //输入旋转角度

结果如图 4-13 所示。

图4-12 画线段和圆

图4-13 旋转对象

4. 画圆 A、B 及切线 C、D，结果如图 4-14 所示。

5. 复制线框 E，并将其旋转90°，结果如图 4-15 所示。

图4-14 画圆及切线

图4-15 复制并旋转对象

6. 移动线框 H，如图 4-16 所示。

    命令： _move

    选择对象：指定对角点：找到 4 个   //选择线框 H，如图 4-15 所示

    选择对象：   //按 Enter 键

    指定基点或 [位移(D)] <位移>： 7.5   //从 G 点向下追踪并输入追踪距离

    指定第二个点或 <使用第一个点作为位移>： 7.5   //从 F 点向右追踪并输入追踪距离

结果如图 4-16 所示。

修剪多余线条，结果如图 4-17 所示。

图4-16 移动对象

图4-17 修剪结果

7. 将线框 *A* 定位到正确的位置，如图 4-18 所示。

命令：align

选择对象：指定对角点：找到 12 个　　　　　　//选择线框 *A*，如图 4-18 左图所示

选择对象：　　　　　　　　　　　　　　　　//按 Enter 键

指定第一个源点：　　　　　　　　　　　　　//从 *F* 点向右追踪

　　　　　　　　　　　　　　　　　　　　　//从 *G* 点向上追踪

　　　　　　　　　　　　　　　　　　　　　//在两条追踪辅助线的交点处单击一点

指定第一个目标点：from　　　　　　　　　　//使用正交偏移捕捉

基点：　　　　　　　　　　　　　　　　　　//捕捉交点 *H*

<偏移>：@-22,-13　　　　　　　　　　　　　//输入 *C* 点的相对坐标

指定第二个源点：　　　　　　　　　　　　　//捕捉圆心 *D*

指定第二个目标点：　　　　　　　　　　　　//捕捉交点 *E*

指定第三个源点或 <继续>：　　　　　　　　　//按 Enter 键

是否基于对齐点缩放对象？ [是(Y)/否(N)] <否>：//按 Enter 键结束

结果如图 4-18 右图所示。

图4-18 对齐实体

【练习4-7】：　使用 LINE、OFFSET、COPY、ROTATE 及 ALIGN 等命令绘制平面图形，如图 4-19 所示。

图4-19 使用 COPY、ROTATE 及 ALIGN 等命令绘图

1. 创建两个图层。

名称	颜色	线型	线宽
轮廓线层	白色	Continuous	0.5
中心线层	红色	Center	默认

2. 通过【线型控制】下拉列表打开【线型管理器】对话框，在此对话框中设定线型全局比例因子为 0.2。

3. 打开极轴追踪、对象捕捉及自动追踪功能。设置极轴追踪角度增量为"90"，设置对象捕捉方式为"端点"、"交点"及"圆心"。

4. 设定绘图区域大小为 120×120。单击导航栏上的 按钮，使绘图区域充满整个图形窗口显示出来。

5. 使用 LINE、OFFSET 及 TRIM 等命令绘制图形的外轮廓线，结果如图 4-20 所示。

6. 使用 LINE、OFFSET、CIRCLE 及 TRIM 等命令绘制图形 A，结果如图 4-21 所示。

7. 使用 ROTATE 命令旋转图形 A，结果如图 4-22 所示。

图4-20 绘制外轮廓线

图4-21 绘制图形 A

图4-22 旋转图形 A

8. 使用 LINE、CIRCLE、COPY 等命令绘制图形 B，结果如图 4-23 所示。

9. 使用 COPY、ALIGN 等命令形成图形 C、D，结果如图 4-24 所示。

图4-23 绘制图形 B

图4-24 绘制图形 C、D

4.3 功能讲解——关键点编辑方式

关键点编辑方式是一种集成的编辑模式，该模式包含了 5 种编辑方法。

- 拉伸。
- 移动。
- 旋转。
- 缩放。
- 镜像。

默认情况下，AutoCAD 的关键点编辑方式是开启的。当用户选择实体后，实体上将出现若干方框，这些方框被称为关键点。把鼠标十字光标靠近并捕捉关键点，然后单击鼠标左键，激活关键点编辑状态，此时，AutoCAD 自动进入拉伸编辑方式，连续按下 Enter 键，就可以在所有编辑方式间切换。此外，也可在激活关键点后，再单击鼠标右键，弹出快捷菜单，如图 4-25 所示，通过此菜单选择某种编辑方法。

图4-25 快捷菜单

不同的对象有不同的关键点菜单，将鼠标光标悬停在关键点上会弹出关键点菜单，以方便编辑不同的对象。按 Ctrl 键可在关键点菜单命令间切换。

在不同的编辑方式间切换时，AutoCAD 为每种编辑方法提供的命令基本相同，其中【基点】、【复制】命令是所有编辑方式所共有的。

- 【基点】：使用该命令用户可以拾取某一个点作为编辑过程的基点。例如，当进入了旋转编辑模式，要指定一个点作为旋转中心时，就使用【基点】命令。默认情况下，编辑的基点是热关键点（选中的关键点）。

- 【复制】：如果用户在编辑的同时还需复制对象，则选取此命令。

下面通过一个例子使读者熟悉关键点的各种编辑方式。

【练习4-8】：　打开附盘文件 "dwg\第 4 章\4-8.dwg"，如图 4-26 左图所示。利用关键点编辑方式将左图修改为右图。

图4-26 利用关键点编辑方式修改图形

4.3.1 利用关键点拉伸对象

在拉伸编辑模式下，当热关键点是线段的端点时，将有效地拉伸或缩短对象。如果热关键点是线段的中点、圆或圆弧的圆心或者属于块、文字、尺寸数字等实体时，这种编辑方式就只移动对象。

利用关键点拉伸线段。

1. 打开极轴追踪、对象捕捉及自动追踪功能。设置极轴追踪角度增量为 "90"，设置对象捕捉方式为"端点"、"圆心"及"交点"。

命令：	//选择线段 A，如图 4-27 左图所示
命令：	//选中关键点 B
** 拉伸 **	//进入拉伸模式

指定拉伸点或 [基点(B)/复制(C)/放弃(U)/退出(X)]：//向下移动鼠标光标并捕捉 C 点

继续调整其他线段的长度，结果如图 4-27 右图所示。

图4-27　利用关键点拉伸对象

2. 调整线段 D 的长度，如图 4-28 所示。

命令：	//选择线段 D，如图 4-28 左图所示
命令：	//将鼠标光标悬停在端点 E 上，选择【拉长】命令
** 拉长 **	
指定端点：	//向下移动鼠标光标并捕捉端点 F

结果如图 4-28 右图所示。

图4-28　利用关键点拉长对象

 打开正交状态后就可利用关键点拉伸方式很方便地改变水平或竖直线段的长度了。

4.3.2 利用关键点移动及复制对象

关键点移动模式可以编辑单一对象或一组对象，在此模式下使用"复制(C)"选项就能在移动实体的同时进行复制。这种编辑模式的使用与普通的 MOVE 命令很相似。

利用关键点复制对象。

命令：	//选择对象 D，如图 4-29 左图所示
命令：	//选中一个关键点
** 拉伸 **	

指定拉伸点或 [基点(B)/复制(C)/放弃(U)/退出(X)]：//进入拉伸模式

```
    ** MOVE **                                       //按 Enter 键进入移动模式
    指定移动点或 [基点(B)/复制(C)/放弃(U)/退出(X)]: c
                                                     //利用"复制(C)"选项进行复制
    ** MOVE (多个) **
    指定移动点或 [基点(B)/复制(C)/放弃(U)/退出(X)]: b      //使用"基点(B)"选项
    指定基点:                                           //捕捉对象 D 的圆心
    ** MOVE (多个) **
    指定移动点或 [基点(B)/复制(C)/放弃(U)/退出(X)]: @10,35   //输入相对坐标
    ** MOVE (多个) **
    指定移动点或 [基点(B)/复制(C)/放弃(U)/退出(X)]: @5,-20   //输入相对坐标
    指定移动点或 [基点(B)/复制(C)/放弃(U)/退出(X)]:          //按 Enter 键结束
```

结果如图 4-29 右图所示。

图4-29　利用关键点复制对象

4.3.3　利用关键点旋转对象

旋转对象是绕旋转中心进行的，当使用关键点编辑模式时，热关键点就是旋转中心，但用户可以指定其他点作为旋转中心。这种编辑方法与 ROTATE 命令相似，它的优点在于一次可将对象旋转且复制到多个方位。

旋转操作的"参照(R)"选项有时非常有用，使用该选项用户可以旋转图形实体，使其与某个新位置对齐。

利用关键点旋转对象。

```
    命令:                                             //选择对象 E，如图 4-30 左图所示
    命令:                                             //选中一个关键点
    ** 拉伸 **                                        //进入拉伸模式
    指定拉伸点或 [基点(B)/复制(C)/放弃(U)/退出(X)]: _rotate
                                                     //单击鼠标右键，选择【旋转】命令
    ** 旋转 **                                        //进入旋转模式
    指定旋转角度或 [基点(B)/复制(C)/放弃(U)/参照(R)/退出(X)]: c
                                                     //利用"复制(C)"选项进行复制
    ** 旋转 (多重) **
    指定旋转角度或 [基点(B)/复制(C)/放弃(U)/参照(R)/退出(X)]: b
                                                     //使用"基点(B)"选项
```

指定基点: //捕捉圆心 F

** 旋转 (多重) **

指定旋转角度或 [基点(B)/复制(C)/放弃(U)/参照(R)/退出(X)]: 85 //输入旋转角度

** 旋转 (多重) **

指定旋转角度或 [基点(B)/复制(C)/放弃(U)/参照(R)/退出(X)]: 170 //输入旋转角度

** 旋转 (多重) **

指定旋转角度或 [基点(B)/复制(C)/放弃(U)/参照(R)/退出(X)]: -150 //输入旋转角度

** 旋转 (多重) **

指定旋转角度或 [基点(B)/复制(C)/放弃(U)/参照(R)/退出(X)]: //按 Enter 键结束

结果如图 4-30 右图所示。

图4-30 利用关键点旋转对象

4.3.4 利用关键点缩放对象

关键点编辑方式也提供了缩放对象的功能，当切换到缩放模式时，当前激活的热关键点是缩放的基点。用户可以输入比例因子对实体进行放大或缩小，也可利用"参照(R)"选项将实体缩放到某一尺寸。

利用关键点缩放模式缩放对象。

命令: //选择圆 G，如图 4-31 左图所示

命令: //选中任意一个关键点

** 拉伸 ** //进入拉伸模式

指定拉伸点或 [基点(B)/复制(C)/放弃(U)/退出(X)]: _scale

//单击鼠标右键，选择【缩放】命令

** 比例缩放 ** //进入比例缩放模式

指定比例因子或 [基点(B)/复制(C)/放弃(U)/参照(R)/退出(X)]: b

//使用"基点(B)"选项

指定基点: //捕捉圆 G 的圆心

** 比例缩放 **

指定比例因子或 [基点(B)/复制(C)/放弃(U)/参照(R)/退出(X)]: 1.6

//输入缩放比例值

结果如图 4-31 右图所示。

图4-31 利用关键点缩放对象

4.3.5 利用关键点镜像对象

进入镜像模式后，AutoCAD 直接提示"指定第二点"。默认情况下，热关键点是镜像线的第一点，在拾取第二点后，此点便与第一点一起形成镜像线。如果用户要重新设定镜像线的第一点，就要通过"基点(B)"选项。

利用关键点镜像对象。

命令:	//选择要镜像的对象，如图 4-32 左图所示
命令:	//选中关键点 *H*
** 拉伸 **	//进入拉伸模式
指定拉伸点或 [基点(B)/复制(C)/放弃(U)/退出(X)]: _mirror	
	//单击鼠标右键，选择【镜像】命令
** 镜像 **	//进入镜像模式
指定第二点或 [基点(B)/复制(C)/放弃(U)/退出(X)]: c	//镜像并复制
** 镜像（多重）**	
指定第二点或 [基点(B)/复制(C)/放弃(U)/退出(X)]:	//捕捉 *I* 点
** 镜像（多重）**	
指定第二点或 [基点(B)/复制(C)/放弃(U)/退出(X)]:	//按 Enter 键结束

结果如图 4-32 右图所示。

图4-32 利用关键点镜像对象

4.4 范例解析——利用关键点编辑方式绘图

【练习4-9】： 利用关键点编辑方式绘图，如图 4-33 所示。

图4-33　利用关键点编辑方式绘图

1. 创建两个图层。

名称	颜色	线型	线宽
轮廓线层	白色	Continuous	0.5
中心线层	红色	Center	默认

2. 通过【线型控制】下拉列表打开【线型管理器】对话框，在此对话框中设定线型全局比例因子为 0.2。

3. 打开极轴追踪、对象捕捉及自动追踪功能。设置极轴追踪角度增量为"90"，设置对象捕捉方式为"端点"、"交点"及"圆心"。

4. 设定绘图区域大小为 120×120。单击导航栏上的 按钮，使绘图区域充满整个图形窗口显示出来。

5. 使用 LINE 命令绘制圆的定位线并绘制圆，结果如图 4-34 所示。

6. 使用 LINE、OFFSET 及 TRIM 等命令绘制图形 A、B，结果如图 4-35 所示。

7. 利用关键点编辑模式旋转及复制图形 A、B，结果如图 4-36 所示。

图4-34　绘制定位线及圆

图4-35　绘制图形 A、B

图4-36　旋转及复制图形

4.5　功能讲解——编辑图形元素属性

在 AutoCAD 中，对象属性是指系统赋予对象的颜色、线型、图层、高度及文字样式等特性，例如直线和曲线包含图层、线型及颜色等属性项目，而文本则具有图层、颜色、字体及字高等特性。改变对象属性一般可通过 PROPERTIES 命令，使用该命令时，AutoCAD 打开【特性】对话框，该对话框列出所选对象的所有属性，用户通过此对话框就可以很方便地进行修改。

改变对象属性的另一种方法是采用 MATCHPROP 命令，该命令可以使被编辑对象的属性与指定源对象的属性完全相同，即把源对象的属性传递给目标对象。

4.5.1　用 PROPERTIES 命令改变对象属性

下面通过修改非连续线当前线型比例因子的例子来说明 PROPERTIES 命令的用法。

【练习4-10】：　打开附盘文件"dwg\第 4 章\4-10.dwg"，如图 4-37 所示。用 PROPERTIES 命令将左图修改为右图。

选择非连续线
当前对象线型比例因子＝1

修改结果
当前对象线型比例因子＝2

图4-37　修改非连续线外观

1. 选择要编辑的非连续线，如图 4-37 所示。
2. 单击鼠标右键，选择【特性】命令，或输入 PROPERTIES 命令，AutoCAD 打开【特性】对话框，如图 4-38 所示。根据所选的对象不同，【特性】对话框中显示的属性项目也不同，但有一些属性项目几乎是所有对象所拥有的，如颜色、图层、线型等。当在绘图区中选择单个对象时，【特性】对话框就显示此对象的特性。若选择多个对象，【特性】对话框将显示它们所共有的特性。

图4-38　输入新的线型比例因子

3. 单击【线型比例】文本框，该比例因子默认值是"1"，输入新线型比例因子数值"2"，按 Enter 键，图形窗口中非连续线立即更新，显示修改后的结果，如图 4-37 右图所示。

4.5.2　对象特性匹配

MATCHPROP 命令是一个非常有用的编辑工具。用户可使用此命令将源对象的属性（如颜色、线型、图层及线型比例等）传递给目标对象。操作时，用户要选择两个对象，第一个是源对象，第二个是目标对象。

【练习4-11】： 打开附盘文件"dwg\第 4 章\4-11.dwg"，如图 4-39 左图所示。使用
MATCHPROP 命令将左图修改为右图。

图4-39　对象特性匹配

1. 单击【默认】选项卡中【特性】面板上的![]按钮，或输入 MATCHPROP 命令，
   AutoCAD 提示如下。

   命令：'_matchprop

   选择源对象：　　　　　　　　　　　　　　　　//选择源对象，如图 4-39 左图所示

   选择目标对象或 [设置(S)]：　　　　　　　　//选择第一个目标对象

   选择目标对象或 [设置(S)]：　　　　　　　　//选择第二个目标对象

   选择目标对象或 [设置(S)]：　　　　　　　　//按 Enter 键结束

   选择源对象后，鼠标光标变成类似"刷子"的形状，此时选取接受属性匹配的目标对
   象，结果如图 4-39 右图所示。

2. 如果用户仅想使目标对象的部分属性与源对象相同，可在选择源对象后，输入"S"，
   此时，AutoCAD 打开【特性设置】对话框，如图 4-40 所示。默认情况下，AuotCAD
   选中该对话框中所有源对象的属性进行复制，但用户也可指定仅将其中的部分属性传
   递给目标对象。

图4-40　【特性设置】对话框

4.6　实训——使用复制、旋转等命令绘图

【练习4-12】： 使用 LINE、COPY 及 ROTATE 等命令绘制平面图形，如图 4-41 所示。

图4-41 使用 COPY 及 ROTATE 等命令绘图

主要作图步骤如图 4-42 所示。

图4-42 主要作图步骤

【练习4-13】: 使用 LINE、OFFSET、COPY、ROTATE 及 STRETCH 等命令绘制平面图形, 如图 4-43 所示。

图4-43 使用 COPY、ROTATE 及 STRETCH 等命令绘图

主要作图步骤如图 4-44 所示。

图4-44　主要作图步骤

4.7　综合案例——使用编辑命令绘图

【**练习4-14**】：　使用 COPY、ROTATE、SCALE 及 STRETCH 等命令绘制如图 4-45 所示的图形。

图4-45　利用已有图形生成新图形

1. 创建 3 个图层。

名称	颜色	线型	线宽
轮廓线层	绿色	Continuous	0.5
中心线层	红色	Center	默认
虚线层	黄色	Dashed	默认

2. 设定线型全局比例因子为 0.2。设定绘图区域大小为 150×150。

3. 打开极轴追踪、对象捕捉及自动追踪功能。设置极轴追踪角度增量为"90"，设定对象捕捉方式为"端点"、"交点"。

4. 切换到轮廓线层，绘制作图基准线 A、B，其长度为 110 左右，如图 4-46 左图所示。用 OFFSET 及 TRIM 命令形成线框 C，结果如图 4-46 右图所示。

图4-46 绘制左图基准线并形成线框 C

5. 绘制线框 B、C、D，如图 4-47 左图所示。用 COPY、ROTATE、SCALE 及 STRETCH 等命令形成线框 E、F、G，结果如图 4-47 右图所示

图4-47 绘制线框 B、C、D 并编辑图形

【练习4-15】：使用 ROTATE、ALIGN 等命令及关键点编辑方式绘图，如图 4-48 所示。

图4-48 用 ROTATE、ALIGN 等命令绘图

主要作图步骤如图 4-49 所示。

图4-49 主要作图步骤

【练习4-16】：使用 OFFSET、COPY、ROTATE 及 STRETCH 等命令绘制图 4-50 所示的图形。

图4-50　使用 ROTATE 及 STRETCH 等命令绘图

主要作图步骤如图 4-51 所示。

图4-51　主要作图步骤

4.8　习题

1.　使用 LINE、CIRCLE、COPY 及 ROTATE 等命令绘图，如图 4-52 所示。

图4-52　使用 COPY 及 ROTATE 等命令绘图（1）

2. 使用 LINE、CIRCLE、COPY 及 ROTATE 等命令绘图，如图 4-53 所示。

图4-53 使用 COPY 及 ROTATE 等命令绘图（2）

3. 使用 LINE、CIRCLE、COPY、ROTATE 及 STRETCH 等命令绘图，如图 4-54 所示。

图4-54 使用 COPY、ROTATE 及 STRETCH 等命令绘图

4. 使用 LINE、CIRCLE、ROTATE 及 STRETCH 等命令绘图，如图 4-55 所示。

图4-55 使用 ROTATE 及 STRETCH 等命令绘图

第5章　参数化绘图

【学习目标】
- 添加、编辑几何约束。
- 添加、编辑尺寸约束。
- 利用变量及表达式约束图形。
- 参数化绘图的一般方法。

通过学习本章，读者可以学会添加、编辑几何约束和尺寸约束的方法，掌握参数化绘图的一般方法。

5.1　功能讲解——几何约束

本节将介绍添加及编辑几何约束的方法。

5.1.1　添加几何约束

几何约束用于确定二维对象间或对象上各点间的几何关系，如平行、垂直、同心或重合等。例如，可添加平行约束使两条线段平行，添加重合约束使两端点重合等。

通过【参数化】选项卡的【几何】面板来添加几何约束，约束的种类如表 5-1 所示。

表 5-1　　　　　　　　　　　　　　　几何约束的种类

几何约束按钮	名称	功能
	重合约束	使两个点或一个点和一条直线重合
	共线约束	使两条直线位于同一条无限长的直线上
	同心约束	使选定的圆、圆弧或椭圆保持同一中心点
	固定约束	使一个点或一条曲线固定到相对于世界坐标系（WCS）的指定位置和方向上
	平行约束	使两条直线保持相互平行
	垂直约束	使两条直线或多段线的夹角保持 90°
	水平约束	使一条直线或一对点与当前 UCS 的 x 轴保持平行
	竖直约束	使一条直线或一对点与当前 UCS 的 y 轴保持平行
	相切约束	使两条曲线保持相切或与其延长线保持相切

续表

几何约束按钮	名称	功能
	平滑约束	使一条样条曲线与其他样条曲线、直线、圆弧或多段线保持几何连续性
	对称约束	使两个对象或两个点关于选定直线保持对称
=	相等约束	使两条线段或多段线具有相同长度，或使圆弧具有相同半径值
	自动约束	根据选择对象自动添加几何约束。单击【参数化】选项卡中【几何】面板右下角的箭头，打开【约束设置】对话框，通过【自动约束】选项卡设置添加各类约束的优先级及是否添加约束的公差值

　　在添加几何约束时，两个对象的选择顺序将决定对象怎样更新。通常，所选的第二个对象会根据第一个对象进行调整。例如，应用垂直约束时，选择的第二个对象将调整为垂直于第一个对象。

【练习5-1】：　绘制平面图形，图形尺寸任意，如图 5-1 左图所示。编辑图形，然后给图中对象添加几何约束，结果如图 5-1 右图所示。

图5-1　添加几何约束

1.　绘制平面图形，图形尺寸任意，如图 5-2 左图所示。修剪多余线条，结果如图 5-2 右图所示。

图5-2　绘制平面图形

2.　单击【参数化】选项卡中【几何】面板上的 按钮（自动约束），然后选择所有图形对象，AutoCAD 自动对已选对象添加几何约束，如图 5-3 所示。

3.　添加以下约束。

(1)　固定约束：单击 按钮，捕捉 A 点，如图 5-4 所示。

(2)　相切约束：单击 按钮，先选择圆弧 B，再选择线段 C。

(3)　水平约束：单击 按钮，选择线段 D。
　　　结果如图 5-4 所示。

图5-3　自动添加几何约束

图5-4　添加固定、相切及水平约束

4.　绘制两个圆，如图 5-5 左图所示。给两个圆添加同心约束，结果如图 5-5 右图所示。

图5-5　添加同心约束

5.　绘制平面图形，图形尺寸任意，如图 5-6 左图所示。旋转及移动图形，结果如图 5-6 右图所示。

图5-6　绘制平面图形

6.　为图形内部的线框添加自动约束，然后在线段 E、F 间加入平行约束，结果如图 5-7 所示。

图5-7　添加约束

5.1.2　编辑几何约束

添加几何约束后，在对象的旁边出现约束图标。将鼠标光标移动到图标或图形对象上，AutoCAD 将亮显相关的对象及约束图标。对已加到图形中的几何约束可以进行显示、隐藏和删除等操作。

【**练习5-2**】：　编辑几何约束。

1.　绘制平面图形，并添加几何约束，如图 5-8 所示。图中两条长线段平行且相等，两条短线段垂直且相等。

2.　单击【参数化】选项卡中【几何】面板上的 全部隐藏 按钮，图形中的所有几何约束将全部隐藏。

3.　单击【参数化】选项卡中【几何】面板上的 全部显示 按钮，图形中所有的几何约束将全部显示。

4.　将鼠标光标放到某一约束上，该约束将加亮显示，单击鼠标右键弹出快捷菜单，如图 5-9 所示，选择快捷菜单中的【删除】命令可以将该几何约束删除。选择快捷菜单中的【隐藏】命令，该几何约束将被隐藏。要想重新显示该几何约束，可运用【参数化】选项卡中【几何】面板上的 显示/隐藏 按钮。

图5-8　绘制图形并添加约束

图5-9　编辑几何约束

5.　选择图 5-9 所示快捷菜单中的【约束栏设置】命令或单击【几何】面板右下角的箭头，将弹出【约束设置】对话框，如图 5-10 所示。通过该对话框可以设置哪种类型的约束显示在约束栏图标中，还可以设置约束栏图标的透明度。

图5-10　【约束设置】对话框

6.　选择受约束的对象，单击【参数化】选项卡中【管理】面板上的 按钮，将删除该对象上的所有几何约束和尺寸约束。

5.1.3　修改已添加几何约束的对象

用户可通过以下方法编辑受约束的几何对象。

（1）　使用关键点编辑模式修改受约束的几何图形，该图形会保留应用的所有约束。

（2）　使用 MOVE、COPY、ROTATE 和 SCALE 等命令修改受约束的几何图形后，结果会保留应用于对象的约束。

（3）　在有些情况下，使用 TRIM、EXTEND 及 BREAK 等命令修改受约束的对象后，所加约束将被删除。

5.2　功能讲解——尺寸约束

本节将介绍添加及编辑尺寸约束的方法。

5.2.1　添加尺寸约束

尺寸约束用于控制二维对象的大小、角度及两点间的距离等，此类约束可以是数值，也可以是变量及方程式。改变尺寸约束，则约束将驱动对象发生相应变化。

可通过【参数化】选项卡的【标注】面板来添加尺寸约束。约束种类、约束转换及显示如表 5-2 所示。

表 5-2　　　　　　　　　　　　　　尺寸约束的种类、转换及显示

按钮	名称	功能
🔒	线性约束	约束两点之间的水平或竖直距离
🔒	对齐约束	约束两点、点与直线、直线与直线间的距离
🔒	半径约束	约束圆或者圆弧的半径
🔒	直径约束	约束圆或者圆弧的直径
🔒	角度约束	约束直线间的夹角、圆弧的圆心角或 3 个点构成的角度
🔒	转换	（1）　将普通尺寸标注（与标注对象关联）转换为动态约束或注释性约束 （2）　使动态约束与注释性约束相互转换 （3）　利用"形式(F)"选项指定当前尺寸约束为动态约束或注释性约束
🔒	显示/隐藏	显示或隐藏选定对象的动态标注约束
🔒	全部显示	显示图形中所有的动态标注约束
🔒	全部隐藏	隐藏图形中所有的动态标注约束

尺寸约束分为两种形式：动态约束和注释性约束。默认情况下是动态约束，系统变量 CCONSTRAINTFORM 为 0。若为 1，则默认尺寸约束为注释性约束。

- 动态约束：标注外观由固定的预定义标注样式决定（在第 7 章中介绍标注样式），不能修改，且不能被打印。在缩放操作过程中，动态约束保持相同大小。单击【标注】面板上的 🔒 动态约束模式 按钮，创建动态约束。
- 注释性约束：标注外观由当前标注样式控制，可以修改，也可打印。在缩放

操作过程中，注释性约束的大小发生变化。可把注释性约束放在同一图层上，设置颜色及改变可见性。单击【标注】面板上的 注释性约束模式 按钮，创建注释性约束。

动态约束与注释性约束间可相互转换，选择尺寸约束，单击鼠标右键，选择【特性】命令，打开【特性】对话框，在【约束形式】下拉列表中指定尺寸约束要采用的形式。

【练习5-3】： 绘制平面图形，添加几何约束及尺寸约束，使图形处于完全约束状态，如图 5-11 所示。

图5-11 添加几何约束及尺寸约束

1. 设定绘图区域大小为 200×200，并使该区域充满整个图形窗口显示出来。
2. 打开极轴追踪、对象捕捉及自动追踪功能，设定对象捕捉方式为"端点"、"交点"及"圆心"。
3. 绘制图形，图形尺寸任意，如图 5-12 左图所示。让 AutoCAD 自动约束图形，对圆心 *A* 施加固定约束，对所有圆弧施加相等约束，结果如图 5-12 右图所示。

图5-12 自动约束图形及施加固定约束

4. 添加以下尺寸约束。
(1) 线性约束：单击 按钮，指定 *B*、*C* 点，输入约束值，创建线性尺寸约束，如图 5-13 左图所示。
(2) 角度约束：单击 按钮，选择线段 *D*、*E*，输入角度值，创建角度约束。
(3) 半径约束：单击 按钮，选择圆弧，输入半径值，创建半径约束。
(4) 继续创建其余尺寸约束，结果如图 5-13 右图所示。添加尺寸约束的一般顺序是：先定形，后定位；先大尺寸，后小尺寸。

图5-13 自动约束图形及施加固定约束

5. 绘制图形，图形尺寸任意，如图 5-14 左图所示。让 AutoCAD 自动约束新图形，然后添加平行及垂直约束，如图 5-14 右图所示。

图5-14 自动约束图形及施加平行、垂直约束

6. 添加尺寸约束，如图 5-15 所示。

图5-15 加入尺寸约束

7. 绘制图形，图形尺寸任意，如图 5-16 左图所示。修剪多余线条，添加几何约束及尺寸约束，结果如图 5-16 右图所示。

图5-16　绘制图形及添加约束

8. 保存图形，下一小节将继续使用它。

5.2.2　编辑尺寸约束

对于已创建的尺寸约束，可采用以下方法进行编辑。

(1)　双击尺寸约束或利用 DDEDIT 命令编辑约束的值、变量名称或表达式。

(2)　选中尺寸约束，拖动与其关联的三角形关键点，改变约束的值，同时驱动图形对象改变。

(3)　选中约束，单击鼠标右键，利用快捷菜单中的相应命令编辑约束。

继续前面的练习，下面修改尺寸值及转换尺寸约束。

1. 将总长尺寸由 120 改为 100，"角度 1"改为 130，结果如图 5-17 所示。

图5-17　修改尺寸值

2. 单击【参数化】选项卡中【标注】面板上的 全部隐藏 按钮，图中所有尺寸约束将全部隐藏，单击 全部显示 按钮，所有尺寸约束又显示出来。

3. 选中所有尺寸约束，单击鼠标右键，选择【特性】命令，弹出【特性】对话框，如图 5-18 所示。在【约束形式】下拉列表中选择【注释性】选项，则动态尺寸约束转换为注释性尺寸约束。

图5-18 【特性】对话框

4. 修改尺寸约束名称的格式。单击【标注】面板右下角的箭头，弹出【约束设置】对话框，如图 5-19 左图所示。在【标注】选项卡的【标注名称格式】下拉列表中选择【值】选项，再取消对【为注释性约束显示锁定图标】复选项的选择，结果如图 5-19 右图所示。

图5-19 修改尺寸约束名称的格式

5.2.3 用户变量及方程式

尺寸约束通常是数值形式，但也可采用自定义变量或数学表达式。单击【参数化】选项卡中【管理】面板上的 fx 按钮，打开【参数管理器】对话框，如图 5-20 所示。此管理器显示所有尺寸约束及用户变量，利用它可轻松地对约束和变量进行管理。

- 单击尺寸约束的名称，以亮显图形中的约束。
- 双击名称或表达式进行编辑。
- 单击鼠标右键，选择【删除参数】命令，以删除标注约束或用户变量。
- 单击列标题名称对相应列进行排序。

图5-20　【参数管理器】对话框

尺寸约束或变量采用表达式时，常用的运算符及数学函数如表 5-3 及表 5-4 所示。

表 5-3　　　　　　　　　　　　在表达式中使用的运算符

运算符	说明
+	加
-	减或取负值
*	乘
/	除
^	求幂
( )	圆括号或表达式分隔符

表 5-4　　　　　　　　　　　　表达式中支持的函数

函数	语法	函数	语法
余弦	cos(表达式)	反余弦	acos(表达式)
正弦	sin(表达式)	反正弦	asin(表达式)
正切	tan(表达式)	反正切	atan(表达式)
平方根	sqrt(表达式)	幂函数	pow(表达式1;表达式2)
对数，基数为 e	ln(表达式)	指数函数，底为 e	exp(表达式)
对数，基数为 10	log(表达式)	指数函数，底数为 10	exp10(表达式)
将度转换为弧度	d2r(表达式)	将弧度转换为度	r2d(表达式)

【练习5-4】：　定义用户变量，以变量及表达式约束图形。

1. 指定当前尺寸约束为注释性约束，并设定尺寸格式为 "名称"。
2. 绘制平面图形，添加几何约束及尺寸约束，使图形处于完全约束状态，如图 5-21 所示。
3. 单击【管理】面板上的 *fx* 按钮，打开【参数管理器】对话框，利用该管理器修改变量名称、定义用户变量及建立新的表达式等，如图 5-22 所示。单击 按钮可建立新的用户变量。

图5-21 绘制平面图形及添加约束

图5-22 【参数管理器】对话框

4. 利用【参数管理器】对话框将矩形面积改为 3000，结果如图 5-23 所示。

图5-23 修改矩形面积

5.3 范例解析——参数化绘图的一般步骤

使用 LINE、CIRCLE 及 OFFSET 等命令绘图时，必须输入准确的数据参数，绘制完成的图形是精确无误的。若要改变图形的形状及大小，一般要重新绘制。利用 AutoCAD 的参数化功能绘图，创建的图形对象是可变的，其形状及大小由几何及尺寸约束控制。当修改这些约束后，图形就发生相应的变化。

利用参数化功能绘图的步骤与采用一般绘图命令绘图是不同的，主要作图过程如下。

(1) 根据图样的大小设定绘图区域大小，并将绘图区充满整个图形窗口显示，这样就能了解随后绘制的草图轮廓的大小，而不至于使草图形状失真太大。

(2)　将图形分成由外轮廓及多个内轮廓组成，按先外后内的顺序绘制。

(3)　绘制外轮廓的大致形状，创建的图形对象其大小是任意的，相互间的位置关系（如平行、垂直等）是近似的。

(4)　根据设计要求对图形元素添加几何约束，确定它们间的几何关系。一般先让 AutoCAD 自动创建约束（如重合、水平等），然后加入其他约束。为使外轮廓在 xy 坐标面的位置固定，应对其中某点施加固定约束。

(5)　添加尺寸约束，确定外轮廓中各图形元素的精确大小及位置。创建的尺寸包括定形及定位尺寸，标注顺序一般为先大后小，先定形后定位。

(6)　采用相同的方法依次绘制各个内轮廓。

【练习5-5】：　利用 AutoCAD 的参数化功能绘制平面图形，如图 5-24 所示。先画出图形的大致形状，然后给所有对象添加几何约束及尺寸约束，使图形处于完全约束状态。

图5-24　利用参数化功能绘图

1.　设定绘图区域大小为 800×800，并使该区域充满整个图形窗口显示出来。

2.　打开极轴追踪、对象捕捉及自动追踪功能，设定对象捕捉方式为"端点"、"交点"及"圆心"。

3.　使用 LINE、CIRCLE 及 TRIM 等命令绘制图形，图形尺寸任意，如图 5-25 左图所示。修剪多余线条并倒圆角，形成外轮廓草图，结果如图 5-25 右图所示。

图5-25　绘制图形外轮廓线

4.　启动自动添加几何约束功能，给所有图形对象添加几何约束，如图 5-26 所示。

图5-26 自动添加几何约束

5. 创建以下约束。

(1) 给圆弧 A、B、C 添加相等约束，使 3 个圆弧的半径相等，结果如图 5-27 左图所示。

(2) 对左下角点施加固定约束。

(3) 给圆心 D、F 及圆弧中点 E 添加水平约束，使 3 点位于同一条水平线上，结果如图 5-27 右图所示。操作时，可利用对象捕捉确定要约束的目标点。

图5-27 添加几何约束

6. 单击 全部隐藏 按钮，隐藏几何约束。标注圆弧的半径尺寸，然后标注其他尺寸，如图 5-28 左图所示。将角度值修改为 60°，结果如图 5-28 右图所示。

图5-28 添加尺寸约束

7. 绘制圆及线段，如图 5-29 左图所示。修剪多余线条并自动添加几何约束，结果如图 5-29 右图所示。

图5-29　绘制圆、线段及自动添加几何约束

8.　给圆弧 *G*、*H* 添加同心约束，给线段 *I*、*J* 添加平行约束等，结果如图 5-30 所示。

图5-30　添加同心及平行约束

9.　复制线框，如图 5-31 左图所示。对新线框添加同心约束，结果如图 5-31 右图所示。

图5-31　复制对象并添加同心约束

10.　使圆弧 *L*、*M* 的圆心位于同一条水平线上，并让它们的半径相等，结果如图 5-32 所示。

图5-32　添加水平及相等约束

11.　标注圆弧的半径尺寸 40，如图 5-33 左图所示。将半径值由 40 改为 30，结果如图 5-33

右图所示。

图5-33　添加尺寸约束

5.4　实训——添加几何约束及尺寸约束

【练习5-6】：　绘制图 5-34 所示的图形。先绘制出图形的大致形状，然后给所有对象添加几何约束及尺寸约束，使图形处于完全约束状态。

图5-34　添加几何约束及尺寸约束

主要作图步骤如图 5-35 所示。

图5-35　主要作图步骤

5.5　综合案例——利用参数化功能绘图

【练习5-7】：　利用 AutoCAD 的参数化功能绘制平面图形，如图 5-36 所示。先绘制出图形的大致形状，然后给所有对象添加几何约束及尺寸约束，使图形处于完全约束状态。

图5-36　利用参数化功能绘图

主要作图步骤如图 5-37 所示。

图5-37　主要作图步骤

5.6　习题

1. 利用 AutoCAD 的参数化功能绘制平面图形，如图 5-38 所示。给所有对象添加几何约束及尺寸约束，使图形处于完全约束状态。

图5-38 利用参数化功能绘图（1）

2. 利用 AutoCAD 的参数化功能绘制平面图形，如图 5-39 所示。给所有对象添加几何约束及尺寸约束，使图形处于完全约束状态。

图5-39 利用参数化功能绘图（2）

第6章　书写文字

- 创建文字样式。
- 书写单行和多行文字。
- 编辑文字内容和属性。
- 编辑尺寸文字和调整标注位置。

通过学习本章，读者可以了解文字样式的基本概念，学会如何创建单行文字和多行文字。

6.1　功能讲解——书写文字的方法

在 AutoCAD 中有两类文字对象，一类是单行文字，另一类是多行文字，它们分别由 DTEXT 和 MTEXT 命令来创建。一般来讲，比较简短的文字项目（如标题栏信息、尺寸标注说明等）常常采用单行文字，而对带有段落格式的信息（如工艺流程、技术条件等）则常采用多行文字。

AutoCAD 生成的文字对象，其外观由与它关联的文字样式决定。默认情况下，Standard 文字样式是当前样式，用户也可根据需要创建新的文字样式。

本节主要介绍创建文字样式，书写单行和多行文字等。

6.1.1　创建国标文字样式及书写单行文字

文字样式主要是控制与文本连接的字体文件、字符宽度、文字倾斜角度及高度等项目。用户可以针对每一种不同风格的文字创建对应的文字样式，这样在输入文本时就可用相应的文字样式来控制文本的外观。例如，用户可建立专门用于控制尺寸标注文字和设计说明文字外观的文字样式。

DTEXT 命令用于创建单行文字对象。发出此命令后，用户不仅可以设定文本的对齐方式和文字的倾斜角度，而且还能用十字光标在不同的地方选取点，以定位文本的位置（系统变量 DTEXTED 不等于 0），该特性使用户只发出一次命令就能在图形的多个区域放置文本。

命令启动方法

- 菜单命令：【绘图】/【文字】/【单行文字】。
- 面板：【注释】面板上的 A 单行文字 按钮。
- 命令：DTEXT 或简写 DT。

【练习6-1】：　创建国标文字样式及添加单行文字。

1. 打开附盘文件"dwg\第 6 章\6-1.dwg"。
2. 选择菜单命令【格式】/【文字样式】，或单击【注释】面板上的 A 按钮，打开【文字样式】对话框，如图 6-1 所示。

3. 单击 新建(N)... 按钮，打开【新建文字样式】对话框，如图 6-2 所示。在【样式名】文本框中输入文字样式的名称"工程文字"。

图6-1 【文字样式】对话框

图6-2 【新建文字样式】对话框

4. 单击 确定 按钮，返回【文字样式】对话框，在【字体名】下拉列表中选择【gbeitc.shx】，再选择【使用大字体】复选项，然后在【大字体】下拉列表中选择【gbcbig.shx】，如图 6-1 所示。

> 要点提示 AutoCAD 提供了符合国标的字体文件。在工程图中，中文字体采用"gbcbig.shx"，该字体文件包含了长仿宋字。西文字体采用"gbeitc.shx"或"gbenor.shx"，前者是斜体西文，后者是正体。

5. 单击 应用(A) 按钮，然后关闭【文字样式】对话框。

6. 使用 DTEXT 命令创建单行文字，如图 6-3 所示。

```
命令: dtext
指定文字的起点或 [对正(J)/样式(S)]:          //单击 A 点，如图 6-3 所示
指定高度 <3.0000>: 5                          //输入文字高度
指定文字的旋转角度 <0>:                       //按 Enter 键
横臂升降机构                                  //输入文字
行走轮                                        //在 B 点处单击一点，并输入文字
行走轨道                                      //在 C 点处单击一点，并输入文字
行走台车                                      //在 D 点处单击一点，输入文字并按 Enter 键
台车行走速度 5.72 米/分                       //输入文字并按 Enter 键
台车行走电机功率 3kW                          //输入文字
立架                                          //在 E 点处单击一点，并输入文字
配重系统                                      //在 F 点处单击一点，输入文字并按 Enter 键
                                             //按 Enter 键结束

命令:DTEXT                                    //重复命令
指定文字的起点或 [对正(J)/样式(S)]:          //单击 G 点
指定高度 <5.0000>:                           //按 Enter 键
指定文字的旋转角度 <0>: 90                    //输入文字旋转角度
设备总高 5500                                 //输入文字
```

横臂升降行程 1500 　　　　　　　　//在 H 点处单击一点，输入文字并按 Enter 键
　　　　　　　　　　　　　　　　　//按 Enter 键结束

结果如图 6-3 所示。

图6-3　创建单行文字

> **要点提示** 如果发现图形中的文本没有正确显示出来，那么多数情况是由于文字样式所连接的字体不合适。

【文字样式】对话框中的常用选项如下。

- **新建(N)...** 按钮：单击此按钮，就可以创建新文字样式。
- **删除(D)** 按钮：在【样式】列表框中选择一个文字样式，再单击此按钮就可以将该文字样式删除。当前样式和正在使用的文字样式不能被删除。
- 【字体名】下拉列表：在此列表中罗列了所有的字体。带有双"T"标志的字体是 Windows 系统提供的"TrueType"字体，其他字体是 AutoCAD 自己的字体（*.shx），其中"gbenor.shx"和"gbeitc.shx"（斜体西文）字体是符合国标的工程字体。
- 【使用大字体】：大字体是指专为亚洲国家设计的文字字体。其中"gbcbig.shx"字体是符合国标的工程汉字字体，该字体文件还包含一些常用的特殊符号。由于"gbcbig.shx"中不包含西文字体定义，因而使用时可将其与"gbenor.shx"和"gbeitc.shx"字体配合使用。
- 【高度】：输入字体的高度。如果用户在该文本框中指定了文本高度，则当使用 DTEXT（单行文字）命令时，系统将不再提示"指定高度"。
- 【颠倒】：选中此复选项，文字将上下颠倒显示。该复选项仅影响单行文字，如图 6-4 所示。

AuotCAD 2015　　　　　　AuotCAD 2015
关闭【颠倒】复选项　　　　　　打开【颠倒】复选项

图6-4　关闭或打开【颠倒】选项

- 【反向】：选中该复选项，文字将首尾反向显示。该复选项仅影响单行文字，如图 6-5 所示。

AuotCAD 2015　　　　　　AuotCAD 2015
关闭【反向】复选项　　　　　　打开【反向】复选项

图6-5　关闭或打开【反向】选项

- 【垂直】：选中该选项，文字将沿竖直方向排列，如图 6-6 所示。

关闭【垂直】复选项　　打开【垂直】复选项

图6-6　关闭或打开【垂直】选项

- 【宽度比例】：默认的宽度因子为 1。若输入小于 1 的数值，则文本将变窄；否则，文本变宽，如图 6-7 所示。

AuotCAD 2015　　AutoCAD 2015

宽度比例因子为1.0　　　　　宽度比例因子为0.7

图6-7　调整宽度比例因子

- 【倾斜角度】：该文本框用于指定文本的倾斜角度，角度值为正时向右倾斜，为负时向左倾斜，如图 6-8 所示。

AutoCAD 2015　　AutoCAD 2015

倾斜角度为30º　　　　　倾斜角度为-30º

图6-8　设置文字倾斜角度

DTEXT 命令的常用选项如下。

- 对正(J)：设定文字的对齐方式。
- 布满(F)："对正(J)"选项的子选项。使用这个选项时，系统提示指定文本分布的起始点、结束点及文字高度。当用户选定两点并输入文本后，系统把文字压缩或扩展，使其充满指定的宽度范围，如图 6-9 所示。
- 样式(S)：指定当前文字样式。

起始点　　　　　结束点

"布满（F）"选项

图6-9　使文字充满指定的宽度范围

6.1.2　修改文字样式

修改文字样式也是在【文字样式】对话框中进行的，其过程与创建文字样式相似，这里不再重复。

修改文字样式时，用户应注意以下几点。

(1) 修改完成后，单击【文字样式】对话框中的 应用(A) 按钮，则修改生效，系统立即更新图样中与此文字样式关联的文字。

(2) 当改变文字样式连接的字体文件时，系统改变所有文字外观。

(3) 当修改文字的"颠倒"、"反向"及"垂直"特性时，系统将改变单行文字的外观。而修改文字高度、宽度因子及倾斜角时，则不会引起已有单行文字外观的改变，但将影响此后创建的文字对象。

(4) 对于多行文字，只有【垂直】、【宽度比例】及【倾斜角】选项才影响其外观。

6.1.3 在单行文字中加入特殊符号

工程图中用到的许多符号都不能通过标准键盘直接输入，如文字的下画线、直径代号等。当用户利用 DTEXT 命令创建文字注释时，必须输入特殊的代码来产生特定的字符，这些代码及对应的特殊符号如表 6-1 所示。

表 6-1 特殊字符的代码

代码	字符
%%o	文字的上画线
%%u	文字的下画线
%%d	角度的度符号
%%p	表示"±"
%%c	直径代号

使用表中代码生成特殊字符的样例如图 6-10 所示。

添加%%u特殊%%u字符　　添加特殊字符

%%c100　　　　φ100

%%p0.010　　　±0.010

图6-10 创建特殊字符

6.1.4 创建多行文字

MTEXT 命令可以用于创建复杂的文字说明。用 MTEXT 命令生成的文字段落称为多行文字，它可由任意数目的文字行组成，所有的文字构成一个单独的实体。使用 MTEXT 命令时，用户可以指定文本分布的宽度，但文字沿竖直方向可无限延伸。另外，用户还能设置多行文字中单个字符或某一部分文字的属性（包括文本的字体、倾斜角度和高度等）。

命令启动方法

- 菜单命令:【绘图】/【文字】/【多行文字】。
- 面板:【注释】面板上的 A 多行文字 按钮。
- 命令: MTEXT 或简写 MT。

【练习6-2】: 使用 MTEXT 命令创建多行文字，文字内容如图 6-11 所示。

图6-11 创建多行文字

1. 设定绘图区域大小为 80×80，单击导航栏上的 按钮，使绘图区域充满整个图形窗口显示出来。

2. 创建新文字样式，并使该样式成为当前样式。新样式名称为 "文字样式-1"，与其相连的字体文件是 "gbeitc.shx" 和 "gbcbig.shx"。

3. 单击【注释】面板上的 Ａ多行文字 按钮，AutoCAD 提示如下。

    指定第一角点：   //在 A 点处单击一点，如图 6-11 所示
    指定对角点：   //在 B 点处单击一点

4. 系统弹出【文字编辑器】选项卡及文字编辑器。在【样式】面板的【文字高度】文本框中输入数值 "3.5"，然后在文字编辑器中输入文字，如图 6-12 所示。

   文字编辑器顶部带标尺，利用标尺可设置首行文字及段落文字的缩进，还可设置制表位，操作方法如下。

   - 拖动标尺上第一行的缩进滑块，可改变所选段落第一行的缩进位置。
   - 拖动标尺上第二行的缩进滑块，可改变所选段落其余行的缩进位置。
   - 标尺上显示了默认的制表位，要设置新的制表位，可用鼠标光标单击标尺。
     要删除创建的制表位，可用鼠标光标按住制表位，将其拖出标尺。

5. 选中文字 "技术要求"，然后在【文字高度】文本框中输入数值 "5"，按 Enter 键，结果如图 6-13 所示。

图6-12　输入文字

图6-13　修改文字高度

6. 选中其他文字，单击【段落】面板上的 项目符号和编号 ▾ 按钮，选择【以数字标记】选项，再利用标尺上第二行的缩进滑块调整标记数字与文字间的距离，结果如图 6-14 所示。

图6-14　添加数字编号

7. 单击【关闭】面板上的 按钮，结果如图 6-11 所示。

6.1.5　添加特殊字符

以下过程演示了如何在多行文字中加入特殊字符，文字内容如下。

    蜗轮分度圆直径=ϕ100

    蜗轮蜗杆传动箱钢板厚度≥5

【练习6-3】：　添加特殊字符。

1. 设定绘图区域大小为 50×50，单击导航栏上的 按钮，使绘图区域充满整个图形窗口显示出来。

2. 创建新文字样式，并使该样式成为当前样式。新样式名称为 "样式 1"，与其相连的字

体文件是 "gbeitc.shx" 和 "gbcbig.shx"。

3. 单击【注释】面板上的 按钮，再指定文字分布宽度，AutoCAD 打开【文字编辑器】选项卡，在【样式】面板的【字体高度】文本框中输入数值 "3.5"，然后输入文字，如图 6-15 所示。

4. 在要插入直径符号的地方单击鼠标左键，然后单击鼠标右键，弹出快捷菜单，选择【符号】/【直径】命令，结果如图 6-16 所示。

图6-15　输入文字

图6-16　插入直径符号

5. 在文本输入窗口中单击鼠标右键，弹出快捷菜单，选择【符号】/【其他】命令，打开【字符映射表】对话框，如图 6-17 所示。

6. 在对话框的【字体】下拉列表中选择【Symbol】字体，然后选取需要的字符 "≥"，如图 6-18 所示。

7. 单击 选择(S) 按钮，再单击 复制(C) 按钮。

8. 返回文字编辑器，在需要插入 "≥" 符号的地方单击鼠标左键，然后单击鼠标右键，弹出快捷菜单，选择【粘贴】命令，结果如图 6-18 所示。

图6-17　【字符映射表】对话框

图6-18　插入 "≥" 符号

要点提示　粘贴 "≥" 符号后，AutoCAD 将自动回车。

9. 把 "≥" 符号的高度修改为 3.5，再将鼠标光标放置在此符号的后面，按 Delete 键，结果如图 6-19 所示。

图6-19　修改字符的高度

10. 单击【关闭】面板上的 按钮完成。

6.1.6　创建分数及公差形式文字

下面使用多行文字编辑器创建分数及公差形式文字，文字内容如图6-20所示。

图6-20　创建分数及公差形式文字

【练习6-4】：　创建分数及公差形式文字。

1. 打开文字编辑器，设置字体为"gbeitc、gbcbig"，输入多行文字，如图6-21所示。
2. 选择文字"H7/m6"，单击鼠标右键，选择【堆叠】命令，结果如图6-22所示。

图6-21　输入文字　　　　　　　　　　　　　　　　图6-22　创建分数形式文字

3. 选择文字"+0.020^-0.016"，单击鼠标右键，选择【堆叠】命令，结果如图6-23所示。

图6-23　创建公差形式文字

4. 单击【关闭】面板上的 ✕ 按钮完成操作。

> **要点提示**　通过堆叠文字的方法也可创建文字的上标或下标，输入方式为"上标^"、"^下标"。例如，输入"53^"，选中"3^"，单击鼠标右键，选择【堆叠】命令，结果为"5³"。

6.1.7　编辑文字

编辑文字的常用方法有以下两种。

(1) 使用 DDEDIT 命令编辑单行或多行文字。选择的对象不同，系统将打开不同的对话框。对于单行文字，系统显示文本编辑框；对于多行文字，系统则打开文字编辑器。用 DDEDIT 命令编辑文本的优点是，此命令连续地提示用户选择要编辑的对象，因而只要发出 DDEDIT 命令就能一次修改许多文字对象。

(2) 用 PROPERTIES 命令修改文本。选择要修改的文字后，单击鼠标右键，选择【特性】命令，启动 PROPERTIES 命令，打开【特性】对话框。在此对话框中用户不仅能修改文本的内容，还能编辑文本的其他许多属性，如倾斜角度、对齐方式、高度和文字样式等。

【练习6-5】：　打开附盘文件"dwg\第 6 章\6-5.dwg"，如图 6-24 左图所示，修改文字内容、字体及字高，结果如图 6-24 右图所示。右图中文字特性如下。
- "技术要求"：字高为 5，字体为"gbeitc,gbcbig"。
- 其余文字：字高为 3.5，字体为"gbeitc,gbcbig"。

技术要求
1.油管弯曲半径R≈3d。
2.全部安装完毕后,进行油压实验。

技术要求
1.油管弯曲半径R≥3d。
2.全部安装完毕后,进行油压实验,压力为5kg/cm²。

图6-24　编辑文字

1. 创建新文字样式,新样式名称为"工程文字",与其相连的字体文件是"gbeitc.shx"和"gbcbig.shx"。

2. 选择菜单命令【修改】/【对象】/【文字】/【编辑】,启动 DDEDIT 命令。用该命令修改"蓄能器"、"行程开关"等单行文字的内容,再用 PROPERTIES 命令将这些文字的高度修改为 3.5,并使其与样式"工程文字"相连,如图 6-25 左图所示。

3. 用 DDEDIT 命令修改"技术要求"等多行文字的内容,再改变文字高度,并使其采用"gbeitc,gbcbig"字体,结果如图 6-25 右图所示。

技术要求
1.油管弯曲半径R≈3d。
2.全部安装完毕后,进行油压实验。

技术要求
1.油管弯曲半径R≥3d。
2.全部安装完毕后,进行油压实验,压力为5kg/cm²。

图6-25　修改文字内容及高度等

6.2　范例解析——填写明细表及创建多行文字

【练习6-6】：　给表格中添加文字的技巧。

1. 打开附盘文件"dwg\第 6 章\6-6.dwg"。

2. 创建新文字样式,并使其成为当前样式。新样式名称为"工程文字",与其相连的字体文件是"gbeitc.shx"和"gbcbig.shx"。

3. 使用 DTEXT 命令在明细表底部第一行中书写文字"序号",字高为 5,结果如图 6-26 所示。

4. 使用 COPY 命令将"序号"由 A 点复制到 B、C、D、E 点,结果如图 6-27 所示。

图6-26　书写文字"序号"

图6-27　复制对象

5. 使用 DDEDIT 命令修改文字内容，再用 MOVE 命令调整"名称"、"材料"等的位置，结果如图 6-28 所示。

6. 把已经填写的文字向上阵列，结果如图 6-29 所示。

图6-28　编辑文字内容

序号	名称	数量	材料	备注
序号	名称	数量	材料	备注
序号	名称	数量	材料	备注
序号	名称	数量	材料	备注
序号	名称	数量	材料	备注

图6-29　阵列文字

7. 使用 DDEDIT 命令修改文字内容，结果如图 6-30 所示。

8. 把序号及数量数字移动到表格的中间位置，结果如图 6-31 所示。

4	转轴	1	45
3	定位板	2	Q235
2	轴承盖	1	HT200
1	轴承座	1	HT200
序号	名称	数量	材料	备注

图6-30　修改文字内容

4	转轴	1	45
3	定位板	2	Q235
2	轴承盖	1	HT200
1	轴承座	1	HT200
序号	名称	数量	材料	备注

图6-31　移动文字

6.3　功能讲解——创建表格对象

在 AutoCAD 中，用户可以生成表格对象。创建该对象时，系统首先生成一个空白表格，随后可在该表中填入文字信息。用户可以很方便地修改表格的宽度、高度及表中文字，还可按行、列方式删除表格单元或合并表中相邻单元。

6.3.1　表格样式

表格对象的外观由表格样式控制。默认情况下，表格样式是"Standard"，但用户可以根据需要创建新的表格样式。"Standard"表格的外观如图 6-32 所示，第一行是标题行，第二行是表头行，其他行是数据行。

在表格样式中，用户可以设定表格单元文字的文字样式、字高、对齐方式及表格单元的填充颜色，还可设定单元边框的线宽和颜色，以及控制是否将边框显示出来。

图6-32　表格对象

137

【**练习6-7**】：　创建新的表格样式。

1. 创建新文字样式，新样式名称为"工程文字"，与其相连的字体文件是"gbeitc.shx"和 "gbcbig.shx"。

2. 单击【注释】面板上的 按钮，打开【表格样式】对话框，如图 6-33 所示。利用该对 话框用户就可以新建、修改及删除表格样式。

图6-33　【表格样式】对话框

3. 单击 新建(N)... 按钮，弹出【创建新的表格样式】对话框，在【基础样式】下拉列表中 选择新样式的原始样式【Standard】，该原始样式为新样式提供默认设置；在【新样式 名】文本框中输入新样式的名称"表格样式-1"，如图 6-34 所示。

图6-34　【创建新的表格样式】对话框

4. 单击 继续 按钮，打开【新建表格样式】对话框，如图 6-35 所示。在【单元样式】 下拉列表中分别选取【数据】、【标题】、【表头】选项，同时在【文字】选项卡中指定 文字样式为"工程文字"，字高为"3.5"，在【常规】选项卡中指定文字对齐方式为 "正中"。

图6-35　【新建表格样式】对话框

5. 单击 确定 按钮，返回【表格样式】对话框；再单击 置为当前(U) 按钮，使新的表格样式成为当前样式。

【新建表格样式】对话框中常用选项的功能如下。

(1) 【常规】选项卡。

- 【填充颜色】：指定表格单元的背景颜色，默认值为【无】。
- 【对齐】：设置表格单元中文字的对齐方式。
- 【水平】：设置单元文字与左右单元边界之间的距离。
- 【垂直】：设置单元文字与上下单元边界之间的距离。

(2) 【文字】选项卡。

- 【文字样式】：选择文字样式。单击 ... 按钮，打开【文字样式】对话框，从中可创建新的文字样式。
- 【文字高度】：输入文字的高度。
- 【文字角度】：设定文字的倾斜角度。逆时针为正，顺时针为负。

(3) 【边框】选项卡。

- 【线宽】：指定表格单元的边界线宽。
- 【颜色】：指定表格单元的边界颜色。
- 田按钮：将边界特性设置应用于所有单元。
- 回按钮：将边界特性设置应用于单元的外部边界。
- 田按钮：将边界特性设置应用于单元的内部边界。
- 田、田、田、田按钮：将边界特性设置应用于单元的底、左、上及右边界。
- 田按钮：隐藏单元的边界。

(4) 【表格方向】下拉列表。

- 【向下】：创建从上向下读取的表对象。标题行和表头行位于表的顶部。
- 【向上】：创建从下向上读取的表对象。标题行和表头行位于表的底部。

6.3.2 创建及修改空白表格

用 TABLE 命令创建空白表格，空白表格的外观由当前表格样式决定。使用该命令时，用户要输入的主要参数有行数、列数、行高及列宽等。

【练习6-8】： 创建图 6-36 所示的空白表格。

图6-36 创建空白表格

1. 单击【注释】面板上的 表格 按钮，打开【插入表格】对话框，在该对话框中输入创建表格的参数，如图 6-37 所示。
2. 单击 确定 按钮，指定表格插入点后关闭文字编辑器，创建图 6-38 所示的表格。

图6-37　【插入表格】对话框

图6-38　空白表格

3. 在表格内按住鼠标左键并拖动鼠标光标，选中第 1、2 行，弹出【表格单元】选项卡，单击选项卡中【行】面板上的 按钮，删除选中的两行，结果如图 6-39 所示。

4. 选中第 1 列的任一单元，单击鼠标右键，弹出快捷菜单，选择【列】/【在左侧插入】命令，插入新的一列，结果如图 6-40 所示。

图6-39　删除第1、2行

图6-40　插入新的一列

5. 选中第 1 行的任一单元，单击【行】面板上的 按钮，插入新的一行，结果如图 6-41 所示。

6. 按住鼠标左键并拖动鼠标光标，选中第 1 列的所有单元，单击【合并】面板上的 按钮，结果如图 6-42 所示。

图6-41　插入新的一行

图6-42　合并第1列的所有单元

7. 按住鼠标左键并拖动鼠标光标，选中第 1 行的所有单元，单击【合并】面板上的 按钮，结果如图 6-43 所示。

8. 分别选中单元 *A* 和 *B*，然后利用关键点拉伸方式调整单元的尺寸，结果如图 6-44 所示。

图6-43　合并第1行的所有单元

图6-44　调整单元的尺寸

9. 选中单元 *C*，单击鼠标右键，选择【特性】命令，打开【特性】对话框，在【单元宽度】及【单元高度】文本框中分别输入数值 "20"、"10"，结果如图 6-45 所示。

图6-45 调整单元的宽度及高度

10. 用类似的方法修改表格的其余尺寸。

6.4 范例解析——使用 TABLE 命令创建及填写标题栏

在表格单元中可以很方便地填写文字信息。使用 TABLE 命令创建表格后，AutoCAD 会亮显表的第一个单元，同时打开文字编辑器，此时就可以输入文字了。此外，双击某一单元也能将其激活，从而可在其中填写或修改文字。当要移动到相邻的下一个单元时，就按 Tab 键，或是使用箭头键向左、右、上或下移动。

【练习6-9】： 创建及填写标题栏，如图 6-46 所示。

图6-46 创建标题栏

1. 创建新的表格样式，样式名为"工程表格"。设定表格单元格中的文字采用字体"gbeitc.shx"和"gbcbig.shx"，文字高度为 5，对齐方式为"正中"，文字与单元格边框的距离为 0.1。

2. 指定"工程表格"为当前样式，使用 TABLE 命令创建 4 个表格，如图 6-47 左图所示。使用 MOVE 命令将这些表格组合成标题栏，结果如图 6-47 右图所示。

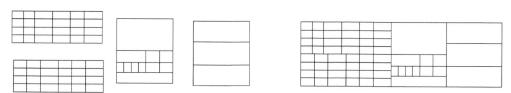

图6-47 创建 4 个表格并将其组合成标题栏

3. 双击表格的某一单元格以激活它，在单元格中输入文字，按箭头键移动到其他单元格继续填写文字，结果如图 6-48 所示。

141

				材料标记			单位名称	
标记	处数	更改文件号	年月日				图样名称	
设计	签名	年月日	标准化	签名	年月日	阶段标记	重量	比例
审核							图样代号	
工艺			批准			共 张 第 张		

图6-48　在表格中填写文字

要点提示　双击"更改文件号"单元，选择所有文字，然后在【格式】面板上的 ⊙ [0.7 ▲▼] 文本框中输入文字的宽度比例因子 0.8，这样表格单元格就有足够的宽度来容纳文字了。

6.5　实训——书写及编辑文字

【练习6-10】：　打开附盘文件"dwg\第 6 章\6-10.dwg"，在图中添加单行文字，如图 6-49 左图所示，其中字体为"gbeitc,gbcbig"，字高为 4，然后修改文字的内容及字高，字高修改为 3.5，结果如图 6-49 右图所示。

图6-49　添加单行文字并编辑文字

书写及编辑文字的主要步骤如图 6-50 所示。

图6-50　书写及编辑文字的主要步骤

6.6 综合案例——在图样中添加文字及特殊符号

【练习6-11】： 打开附盘文件"dwg\第 6 章\6-11.dwg"，在图中添加多行文字，如图 6-51 所示。图中文字特性如下。

- 形位公差符号：字高为 3，字体为"GDT"。
- "ξ"、"~"：字高为 4，字体为"Symbol"。
- 其余文字：字高为 5，中文字体采用"gbcbig.shx"，西文字体采用 "gbeitc.shx"。

图6-51　在图样中添加文字及特殊符号

在图样中添加文字及特殊符号的主要步骤如图 6-52 所示。

图6-52　添加文字及特殊符号的主要步骤

6.7 习题

1. 打开附盘文件"dwg\第 6 章\6-12.dwg"，在图中添加单行文字，如图 6-53 所示。文字字高为 3.5，中文字体采用"gbcbig.shx"，西文字体采用"gbeitc.shx"。

图6-53　书写单行文字

2. 打开附盘文件"dwg\第 6 章\6-13.dwg"，在图中添加多行文字，如图 6-54 所示。图中文字特性如下。

- "弹簧总圈数……"及"加载到……"：文字字高为 5，中文字体采用"gbcbig.shx"，西文字体采用"gbeitc.shx"。
- "检验项目"：文字字高为 4，字体采用"黑体"。
- "检验弹簧……"：文字字高为 3.5，字体采用"楷体"。

图6-54　书写多行文字

3. 打开附盘文件"dwg\第 6 章\6-14.dwg"，在图中添加单行及多行文字，如图 6-55 所示。图中文字特性如下。

- 单行文字字体为"宋体"，字高为 10，其中部分文字沿 60° 方向书写，字体倾斜角度为30°。
- 多行文字字高为 12，字体为"黑体"和"宋体"。

图6-55　书写单行及多行文字

第7章 标注尺寸

【学习目标】

- 创建标注样式。
- 标注直线型、角度型、直径型及半径型尺寸等。
- 标注尺寸公差和形位公差。
- 编辑尺寸文字和调整标注位置。

通过学习本章，读者可以了解尺寸样式的基本概念，并掌握标注各类尺寸的方法等。

7.1 功能讲解——标注尺寸的方法

AutoCAD 的尺寸标注命令很丰富，利用它们可以轻松地创建出各种类型的尺寸。所有尺寸与尺寸样式关联，通过调整尺寸样式，就能控制与该样式关联的尺寸标注的外观。下面通过一个实例介绍创建尺寸样式的方法和 AutoCAD 的尺寸标注命令。

【练习7-1】：　打开附盘文件"dwg\第 7 章\7-1.dwg"，创建尺寸样式并标注尺寸，如图 7-1 所示。

图7-1　标注尺寸

7.1.1 创建国标尺寸样式

尺寸标注是一个复合体，它以块的形式存储在图形中（第 10 章将讲解块的概念），其组成部分包括尺寸线、尺寸线两端起止符号（箭头或斜线等）、尺寸界线及标注文字等，所有这些组成部分的格式都由尺寸样式来控制。

在标注尺寸前，用户一般都要创建尺寸样式，否则，AutoCAD 将使用默认样式 ISO-25 生成尺寸标注。在 AutoCAD 中可以定义多种不同的标注样式并为之命名，标注时，用户只需指定某个样式为当前样式，就能创建相应的标注形式。

建立符合国标规定的尺寸样式。

1. 建立新文字样式，样式名为"工程文字"。与该样式相连的字体文件是"gbeitc.shx"（或"gbenor.shx"）和"gbcbig.shx"。

2. 单击【注释】面板上的 按钮，或选取菜单命令【格式】/【标注样式】，打开【标注样式管理器】对话框，如图 7-2 所示。通过此对话框可以命名新的尺寸样式或修改样式中的尺寸变量。

图7-2 【标注样式管理器】对话框

3. 单击 新建(N)... 按钮，打开【创建新标注样式】对话框，如图 7-3 所示。在该对话框的【新样式名】文本框中输入新的样式名称"工程标注"；在【基础样式】下拉列表中指定某个尺寸样式作为新样式的基础样式，则新样式将包含基础样式的所有设置。此外，还可在【用于】下拉列表中设定新样式对某一种类尺寸的特殊控制。默认情况下，【用于】下拉列表中的选项是【所有标注】，是指新样式将控制所有类型的尺寸。

4. 单击 继续 按钮，打开【新建标注样式】对话框，如图 7-4 所示。

图7-3 【创建新标注样式】对话框

图7-4 【新建标注样式】对话框

5. 在【线】选项卡的【基线间距】、【超出尺寸线】和【起点偏移量】文本框中分别输入

"7"、"2"和"0"。

- 【基线间距】：此选项决定了平行尺寸线间的距离，例如，当创建基线型尺寸标注时，相邻尺寸线间的距离由该选项控制，如图7-5所示。
- 【超出尺寸线】：控制尺寸界线超出尺寸线的距离，如图7-6所示。国标中规定，尺寸界线一般超出尺寸线2mm～3mm。

图7-5 控制尺寸线间的距离

图7-6 设定尺寸线超出尺寸线的长度

- 【起点偏移量】：控制尺寸界线起点与标注对象端点间的距离，如图7-7所示。

6. 在【符号和箭头】选项卡的【第一个】下拉列表中选择【实心闭合】选项，在【箭头大小】文本框中输入"2"，该值设定箭头的长度。

7. 在【文字】选项卡的【文字样式】下拉列表中选择【工程文字】，在【文字高度】、【从尺寸线偏移】文本框中分别输入"2.5"和"0.8"，在【文字对齐】分组框中选择【与尺寸线对齐】选项。

- 【文字样式】：在此下拉列表中选择文字样式或单击其右边的 按钮，打开【文字样式】对话框，创建新的文字样式。
- 【从尺寸线偏移】：该选项设定标注文字与尺寸线间的距离。
- 【与尺寸线对齐】：使标注文本与尺寸线对齐。对于国标标注，应选择此选项。

8. 在【调整】选项卡的【使用全局比例】文本框中输入"2"。该比例值将影响尺寸标注所有组成元素的大小，如标注文字和尺寸箭头等，如图7-8所示。当用户欲以1:2的比例将图样打印在标准幅面的图纸上时，为保证尺寸外观合适，应设定标注的全局比例为打印比例的倒数，即2。

图7-7 控制尺寸界线起点与标注对象间的距离　　　　图7-8 全局比例对尺寸标注的影响

9. 进入【主单位】选项卡，在【线性标注】分组框的【单位格式】、【精度】和【小数分隔符】下拉列表中分别选择【小数】、【0.00】和【句点】；在【角度标注】分组框的【单位格式】和【精度】下拉列表中分别选择【十进制度数】、【0.0】。

10. 单击 确定 按钮，得到一个新的尺寸样式；再单击 置为当前(U) 按钮，使新样式成为当前样式。

7.1.2 创建长度型尺寸

标注长度尺寸一般可使用以下两种方法。

- 通过在标注对象上指定尺寸线的起始点及终止点，创建尺寸标注。
- 直接选取要标注的对象。

DIMLINEAR 命令可以用于标注水平、竖直及倾斜方向的尺寸。标注时，若要使尺寸线倾斜，则输入 "R" 选项，然后输入尺寸线倾角即可。

标注水平、竖直及倾斜方向尺寸。

1. 创建一个名为 "尺寸标注" 的图层，并使该层成为当前层。
2. 打开对象捕捉，设置捕捉类型为 "端点"、"圆心" 和 "交点"。
3. 单击【注释】面板上的 按钮，启动 DIMLINEAR 命令。

命令: _dimlinear
指定第一个尺寸界线原点或 <选择对象>:   //捕捉端点 A，如图 7-9 所示
指定第二条尺寸界线原点: //捕捉端点 B
指定尺寸线位置或[多行文字(M)/文字(T)/角度(A)/水平(H)/垂直(V)/旋转(R)]:
     //向左移动鼠标光标将尺寸线放置在适当位置，单击鼠标左键结束
命令:DIMLINEAR   //重复命令
指定第一个尺寸界线原点或 <选择对象>:   //按 Enter 键
选择标注对象: //选择线段 C
指定尺寸线位置: //向上移动鼠标光标将尺寸线放置在适当位置，单击鼠标左键结束

继续标注尺寸 "180" 和 "61"，结果如图 7-9 所示。

图7-9 标注长度型尺寸

DIMLINEAR 命令的相关选项介绍如下。

- 多行文字(M): 使用该选项可打开多行文字编辑器，利用此编辑器用户可输入新的标注文字。

要点提示 若修改了系统自动标注的文字，则会失去尺寸标注的关联性，即尺寸数字不随标注对象的改变而改变。

- 文字(T): 使用此选项可以在命令行上输入新的尺寸文字。
- 角度(A): 通过该选项设置文字的放置角度。
- 水平(H)/垂直(V): 创建水平或垂直型尺寸。用户也可通过移动鼠标光标指定创建何种类型的尺寸。若左右移动鼠标光标，则生成垂直尺寸；若上下移动鼠

标光标，则生成水平尺寸。

- 旋转(R)：使用 DIMLINEAR 命令时，AutoCAD 自动将尺寸线调整成水平或竖直方向的。"旋转(R)"选项可使尺寸线倾斜一个角度，因此可利用此选项标注倾斜的对象，如图 7-10 所示。

图7-10　使尺寸线倾斜一个角度

7.1.3　创建对齐尺寸标注

要标注倾斜对象的真实长度可使用对齐尺寸，对齐尺寸的尺寸线平行于倾斜的标注对象。如果用户是通过选择两个点来创建对齐尺寸，则尺寸线与两点的连线平行。

创建对齐尺寸。

1. 单击【注释】面板上的 对齐 按钮，启动 DIMALIGNED 命令。

命令: _dimaligned
指定第一个尺寸界线原点或 <选择对象>:　　　　　//捕捉 D 点，如图 7-11 左图所示
指定第二条尺寸界线原点: per 到　　　　　//捕捉垂足 E
指定尺寸线位置或[多行文字(M)/文字(T)/角度(A)]:　　//移动鼠标光标指定尺寸线的位置
命令:DIMALIGNED　　　　　//重复命令
指定第一个尺寸界线原点或 <选择对象>:　　　　　//捕捉 F 点
指定第二条尺寸界线原点:　　　　　//捕捉 G 点
指定尺寸线位置或[多行文字(M)/文字(T)/角度(A)]:　　//移动鼠标光标指定尺寸线的位置

结果如图 7-11 左图所示。

2. 选择尺寸"36"或"38"，再选中文字处的关键点，移动鼠标光标调整文字及尺寸线的位置，继续标注尺寸"18"，结果如图 7-11 右图所示。

图7-11　标注对齐尺寸

DIMALIGNED 命令各选项的功能参见 7.1.2 小节。

7.1.4　创建连续型和基线型尺寸标注

连续型尺寸标注是一系列首尾相连的标注形式，而基线型尺寸是指所有的尺寸都从同一

点开始标注，即公用一条尺寸界线。在创建这两种形式的尺寸时，应首先建立一个尺寸标注，然后发出标注命令。

创建连续型和基线型尺寸标注。

1. 利用关键点编辑方式向下调整尺寸"180"的尺寸线位置，然后标注连续尺寸，如图 7-12 所示。

命令：_dimlinear	//标注尺寸"26"，如图 7-12 左图所示
指定第一个尺寸界线原点或 <选择对象>：	//捕捉 H 点
指定第二条尺寸界线原点：	//捕捉 I 点
指定尺寸线位置：	//移动鼠标光标指定尺寸线的位置

切换到【注释】选项卡，单击【标注】面板上的 连续 按钮，启动创建连续标注命令。

命令：_dimcontinue	
指定第二条尺寸界线原点或 [放弃(U)/选择(S)] <选择>：	//捕捉 J 点
指定第二条尺寸界线原点或 [放弃(U)/选择(S)] <选择>：	//捕捉 K 点
指定第二条尺寸界线原点或 [放弃(U)/选择(S)] <选择>：	//捕捉 L 点
指定第二条尺寸界线原点或 [放弃(U)/选择(S)] <选择>：	//按 Enter 键
选择连续标注：	//按 Enter 键结束

结果如图 7-12 左图所示。

2. 标注尺寸"15"、"33"、"28"等，结果如图 7-12 右图所示。

图7-12　创建连续型尺寸及调整尺寸线的位置

3. 利用关键点编辑方式向上调整尺寸"100"的尺寸线位置，然后创建基线型尺寸，如图 7-13 所示。

命令：_dimlinear	//标注尺寸"25"，如图 7-13 左图所示
指定第一个尺寸界线原点或 <选择对象>：	//捕捉 M 点
指定第二条尺寸界线原点：	//捕捉 N 点
指定尺寸线位置：	//移动鼠标光标指定尺寸线的位置

单击【标注】面板上的 基线 按钮，启动创建基线型尺寸命令。

命令：_dimbaseline	
指定第二条尺寸界线原点或 [放弃(U)/选择(S)] <选择>：	//捕捉 O 点
指定第二条尺寸界线原点或 [放弃(U)/选择(S)] <选择>：	//捕捉 P 点
指定第二条尺寸界线原点或 [放弃(U)/选择(S)] <选择>：	//按 Enter 键
选择基准标注：	//按 Enter 键结束

结果如图 7-13 左图所示。

4. 打开正交模式，使用 STRETCH 命令将虚线矩形框 Q 内的尺寸线向左调整，然后标注尺寸 "20"，结果如图 7-13 右图所示。

图7-13　创建基线型尺寸及调整尺寸线的位置

当用户创建一个尺寸标注后，紧接着启动基线或连续标注命令，则 AutoCAD 将以该尺寸的第一条尺寸界线为基准线生成基线型尺寸，或者以该尺寸的第二条尺寸界线为基准线建立连续型尺寸。若不想在前一个尺寸的基础上生成连续型或基线型尺寸，就按 Enter 键，AutoCAD 提示 "选择连续标注" 或 "选择基准标注"，此时，选择某条尺寸界线作为建立新尺寸的基准线。

7.1.5 创建角度尺寸

国标规定角度数字一律水平书写，一般注写在尺寸线的中断处，必要时可注写在尺寸线的上方或外面，也可画引线标注。

为使角度数字的放置形式符合国标，用户可采用当前尺寸样式的覆盖方式标注角度。

利用当前尺寸样式的覆盖方式标注角度。

1. 单击【标注】面板右下角的 ⤢ 按钮，打开【标注样式管理器】对话框。
2. 单击 替代(O)... 按钮（注意不要使用 修改(M)... 按钮），打开【新建标注样式】对话框。进入【文字】选项卡，在【文字对齐】分组框中选择【水平】单选项，如图 7-14 所示。

图7-14　【新建标注样式】对话框

3. 返回主窗口，标注角度尺寸，角度数字将水平放置，如图 7-15 所示。单击【标注】面板上的 ⬜角度 按钮，启动标注角度命令。

　　命令：_dimangular

　　选择圆弧、圆、直线或 <指定顶点>：　　　　　　　　　　//选择直线 A

　　选择第二条直线：　　　　　　　　　　　　　　　　　//选择直线 B

　　指定标注弧线位置或 [多行文字(M)/文字(T)/角度(A)/象限点(Q)]：

　　　　　　　　　　　　　　　　　　　　//移动鼠标光标指定尺寸线的位置

　　命令：_dimcontinue　　　　　　　　　　　　　　　//启动连续标注命令

　　指定第二条尺寸界线原点或 [放弃(U)/选择(S)] <选择>：　//捕捉 C 点

　　指定第二条尺寸界线原点或 [放弃(U)/选择(S)] <选择>：　//按 Enter 键

　　选择连续标注：　　　　　　　　　　　　　　　　　//按 Enter 键结束

结果如图 7-15 所示。

图7-15　标注角度尺寸

7.1.6　创建直径型和半径型尺寸

在标注直径和半径尺寸时，AutoCAD 自动在标注文字前面加入"ϕ"或"R"符号。在实际标注中，直径型和半径型尺寸的标注形式多种多样，若通过当前样式的覆盖方式进行标注就非常方便。

上一节已设定尺寸样式的覆盖方式，使尺寸数字水平放置，下面继续标注直径和半径尺寸，这些尺寸的标注文字也将处于水平方向。

利用当前尺寸样式的覆盖方式标注直径和半径尺寸。

1. 创建直径和半径尺寸，如图 7-16 所示。单击【标注】面板上的 ⬜直径 按钮，启动标注直径命令。

　　命令：_dimdiameter

　　选择圆弧或圆：　　　　　　　　　　　　　　　　　//选择圆 D

　　指定尺寸线位置或 [多行文字(M)/文字(T)/角度(A)]：t　//使用"文字(T)"选项

　　输入标注文字 <10>：3-%%C10　　　　　　　　　　//输入标注文字

　　指定尺寸线位置或 [多行文字(M)/文字(T)/角度(A)]：//移动鼠标光标指定标注文字的位置

单击【标注】面板上的 ⊙半径 按钮，启动半径标注命令。

命令：_dimradius

选择圆弧或圆： //选择圆弧 E

指定尺寸线位置或 [多行文字(M)/文字(T)/角度(A)]： //移动鼠标光标指定标注文字的位置

继续标注直径尺寸 "φ20" 及半径尺寸 "R3"，结果如图 7-16 所示。

图7-16　标注直径和半径尺寸

2. 取消当前样式的覆盖方式，恢复原来的样式。单击 按钮，进入【标注样式管理器】对话框，在此对话框的列表框中选择【工程标注】，然后单击 置为当前(U) 按钮，此时系统打开一个提示性对话框，继续单击 确定 按钮完成。

3. 标注尺寸 "32"、"24"、"12"、"20"，然后利用关键点编辑方式调整尺寸线的位置，结果如图 7-17 所示。

图7-17　利用关键点编辑方式调整尺寸线的位置

7.1.7 利用角度尺寸样式簇标注角度

在前面标注角度时采用了尺寸样式的覆盖方式进行标注，使标注数字水平放置。除采用此种方法创建角度尺寸外，还可利用角度尺寸样式簇标注角度。样式簇是已有尺寸样式（父样式）的子样式，该子样式用于控制某种特定类型尺寸的外观。

【练习7-2】：　打开附盘文件 "dwg\第 7 章\7-2.dwg"，利用角度尺寸样式簇标注角度，如图 7-18 所示。

图7-18　标注角度

1. 单击【注释】面板上的 按钮，打开【标注样式管理器】对话框，再单击 新建(N)... 按钮，打开【创建新标注样式】对话框，在【用于】下拉列表中选择【角度标注】选项，如图 7-19 所示。

图7-19　【创建新标注样式】对话框

2. 单击 继续 按钮，打开【新建标注样式】对话框，进入【文字】选项卡，在该选项卡的【文字对齐】分组框中选择【水平】单选项，如图 7-20 所示。

3. 选择【主单位】选项卡，在【角度标注】分组框中设置【单位格式】为 "度/分/秒"，【精度】为 "0d00′"，单击 确定 按钮。

4. 返回 AutoCAD 主窗口，单击 角度 按钮，创建角度尺寸 "85° 15′"，然后单击 连续 按钮创建连续标注，结果如图 7-18 所示。所有这些角度尺寸，其外观由样式簇控制。

图7-20　【新建标注样式】对话框

7.1.8 标注尺寸公差及形位公差

创建尺寸公差的方法有两种。

(1) 利用尺寸样式的覆盖方式标注尺寸公差，公差的上、下偏差值可在【替代当前样式】对话框的【公差】选项卡中设置。

(2) 标注时，利用"多行文字(M)"选项打开多行文字编辑器，然后采用堆叠文字方式标注公差。

标注形位公差可使用 TOLERANCE 和 QLEADER 命令，前者只能产生公差框格，而后者既能形成公差框格又能形成标注指引线。

【练习7-3】： 打开附盘文件"dwg\第 7 章\7-3.dwg"，利用当前样式覆盖方式标注尺寸公差，如图 7-21 所示。

图7-21 创建尺寸公差

1. 打开【标注样式管理器】对话框，然后单击 替代(O)... 按钮，打开【替代当前样式】对话框，进入【公差】选项卡，如图 7-22 所示。

图7-22 【替代当前样式】对话框

2. 在【方式】、【精度】和【垂直位置】下拉列表中分别选择【极限偏差】、【0.000】和【中】，在【上偏差】、【下偏差】和【高度比例】文本框中分别输入"0.039"、"0.015"和"0.75"，如图 7-22 所示。

3. 返回 AutoCAD 图形窗口，发出 DIMLINEAR 命令，AutoCAD 提示如下。

```
命令: _dimlinear
指定第一个尺寸界线原点或 <选择对象>:        //捕捉交点 A，如图 7-21 所示
指定第二条尺寸界线原点:                     //捕捉交点 B
指定尺寸线位置或[多行文字(M)/文字(T)/角度(A)/水平(H)/垂直(V)/旋转(R)]:
```

//移动鼠标光标，指定标注文字的位置

结果如图 7-21 所示。

【练习7-4】：　打开附盘文件"dwg\第 7 章\7-4.dwg"，使用 QLEADER 命令标注形位公差，如图 7-23 所示。

图7-23　标注形位公差

1. 输入 QLEADER 命令，AutoCAD 提示"指定第一个引线点或[设置(S)]<设置>: "，直接按 Enter 键，打开【引线设置】对话框，在【注释】选项卡中选择【公差】单选项，如图 7-24 所示。

图7-24　【引线设置】对话框

2. 单击 确定 按钮，AutoCAD 提示如下。

指定第一个引线点或 [设置(S)]<设置>：nea 到　　//在轴线上捕捉点 A，如图 7-23 所示
指定下一点：<正交 开>　　　　　　　　　　//打开正交模式并在 B 点处单击一点
指定下一点：　　　　　　　　　　　　　　//在 C 点处单击一点

AutoCAD 打开【形位公差】对话框，在此对话框中输入公差值，如图 7-25 所示。

图7-25　【形位公差】对话框

3. 单击 确定 按钮，结果如图 7-23 所示。

7.1.9　引线标注

MLEADER 命令用于创建引线标注，它由箭头、引线、基线（引线与标注文字间的线）、多行文字或图块组成，如图 7-26 所示，其中箭头的形式、引线外观、文字属性及图块形状等由引线样式控制。

图7-26 引线标注

选中引线标注对象，利用关键点移动基线，则引线、文字和图块跟随移动。若利用关键点移动箭头，则只有引线跟随移动，基线、文字和图块不动。

【练习7-5】： 打开附盘文件"dwg\第 7 章\7-5.dwg"，使用 MLEADER 命令创建引线标注，如图 7-27 所示。

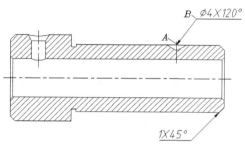

图7-27 创建引线标注

1. 单击【注释】面板上的 按钮，打开【多重引线样式管理器】对话框，如图 7-28 所示，利用该对话框可新建、修改、重命名或删除引线样式。

图7-28 【多重引线样式管理器】对话框

2. 单击 修改(M)... 按钮，打开【修改多重引线样式】对话框，如图 7-29 所示。在该对话框中完成以下设置。

(1) 进入【引线格式】选项卡，在【箭头】分组框中的【符号】下拉列表中选择【实心闭合】选项，在【大小】文本框中输入"2"。

(2) 进入【引线结构】选项卡，在【基线设置】分组框中选择【自动包含基线】和【设置基线距离】复选项，在其中的文本框中输入"1"。文本框中的数值表示基线的长度。

(3) 【内容】选项卡的设置如图 7-29 所示。其中【基线间隙】文本框中的数值表示基线与标注文字间的距离。

图7-29　【修改多重引线样式】对话框

3. 单击【注释】面板上的 按钮，启动创建引线标注命令。

　　命令：_mleader
　　指定引线箭头的位置或 [引线基线优先(L)/内容优先(C)/选项(O)] <选项>：
　　　　　　　　　　　　　　　　//指定引线起始点 A，如图 7-27 所示
　　指定引线基线的位置：　　　　//指定引线下一个点 B
　　　　　　　　　　　　//启动多行文字编辑器，然后输入标注文字"φ4×120°"

4. 重复命令，创建另一个引线标注，结果如图 7-27 所示。

要点提示　创建引线标注时，若文本或指引线的位置不合适，可利用关键点编辑方式进行调整。

7.1.10　编辑尺寸标注

编辑尺寸标注主要包括以下几方面。

(1) 修改标注文字。修改标注文字的最佳方法是使用 DDEDIT 命令。发出该命令后，用户可以连续地修改想要编辑的尺寸。

(2) 调整标注位置。关键点编辑方式非常适合于移动尺寸线和标注文字，进入这种编辑模式后，一般利用尺寸线两端或标注文字所在处的关键点来调整标注位置。

(3) 对于平行尺寸线间的距离可用 DIMSPACE 命令调整，该命令可使平行尺寸线按用户指定的数值等间距分布。

(4) 编辑尺寸标注属性。使用 PROPERTIES 命令可以非常方便地编辑尺寸标注属性。用户一次选取多个尺寸标注，启动 PROPERTIES 命令，AutoCAD 打开【特性】对话框，在此对话框中可修改标注字高、文字样式及总体比例等属性。

(5) 修改某一尺寸标注的外观。先通过尺寸样式的覆盖方式调整样式，然后利用【标注】面板上的 按钮去更新尺寸标注。

【练习7-6】：　打开附盘文件"dwg\第 7 章\7-6.dwg"，如图 7-30 左图所示。修改标注文字内容及调整标注位置等，结果如图 7-30 右图所示。

图7-30　编辑尺寸标注

1. 使用 DDEDIT 命令将尺寸 "40" 修改为 "40±0.10"。

2. 选择尺寸 "40±0.10"，并激活文本所在处的关键点，AutoCAD 自动进入拉伸编辑模式。向右移动鼠标光标，调整文本的位置，结果如图 7-31 所示。

3. 单击【注释】面板上的 按钮，打开【标注样式管理器】对话框，再单击 替代(0)... 按钮，打开【替代当前样式】对话框，进入【主单位】选项卡，在【前缀】文本框中输入直径代号 "%%C"。

4. 返回图形窗口，单击【标注】面板上的 按钮，AutoCAD 提示 "选择对象"，选择尺寸 "127" 及 "106" 等，按 Enter 键，结果如图 7-32 所示。

图7-31　修改标注文字内容　　　　　　　　　图7-32　更新尺寸标注

5. 调整平行尺寸线间的距离，如图 7-33 所示。单击【标注】面板上的 按钮，启动 DIMSPACE 命令。

```
命令: _DIMSPACE
选择基准标注:                              //选择 "φ20"
选择要产生间距的标注:找到 1 个             //选择 "φ64"
选择要产生间距的标注:找到 1 个,总计 2 个   //选择 "φ106"
选择要产生间距的标注:找到 1 个,总计 3 个   //选择 "φ127"
选择要产生间距的标注:                      //按 Enter 键
  输入值或 [自动(A)] <自动>: 12           //输入间距值并按 Enter 键
```
结果如图 7-33 所示。

6. 使用 PROPERTIES 命令将所有标注文字的高度改为 3.5，然后利用关键点编辑方式调整其他标注文字的位置，结果如图 7-34 所示。

图7-33　调整平行尺寸线间的距离

图7-34　修改标注文字的高度

7.2　范例解析

下面提供平面图形及零件图的标注练习，练习内容包括标注尺寸、创建尺寸公差和形位公差、标注表面粗糙度及选用图幅等。

7.2.1　标注平面图形

【**练习7-7**】：　打开附盘文件"dwg\第 7 章\7-7.dwg"，标注该图形，结果如图 7-35 所示。

图7-35　标注平面图形

1.　建立一个名为"标注层"的图层，设置图层颜色为绿色，线型为 Continuous，并使其成为当前层。

2.　创建新文字样式，样式名为"标注文字"。与该样式相连的字体文件是"gbeitc.shx"和"gbcbig.shx"。

3.　创建一个尺寸样式，名称为"国标标注"，对该样式作以下设置。

(1)　标注文本连接"标注文字"，文字高度为"2.5"，精度为"0.0"，小数点格式为"句点"。

(2)　标注文本与尺寸线间的距离为"0.8"。

(3)　箭头大小为"2"。

(4)　尺寸界线超出尺寸线长度为"2"。

(5) 尺寸线起始点与标注对象端点间的距离为 "0"。

(6) 标注基线尺寸时，平行尺寸线间的距离为 "6"。

(7) 使用全局比例因子为 "6"。

(8) 使 "国标标注" 成为当前样式。

4. 打开对象捕捉，设置捕捉类型为 "端点" 和 "交点"。标注尺寸，结果如图 7-35 所示。其中，尺寸公差利用当前样式覆盖方式来标注，形位公差使用 QLEADER 命令来标注。

7.2.2 插入图框、标注零件尺寸及表面粗糙度

【练习7-8】： 打开附盘文件 "dwg\第 7 章\7-8.dwg"，标注传动轴零件图，标注结果如图 7-36 所示。零件图图幅选用 A3 幅面，绘图比例为 2:1，标注字高为 2.5，字体为 "gbeitc.shx"，标注全局比例因子为 0.5。此练习的目的是使读者掌握零件图尺寸标注的步骤和技巧。

图7-36 标注传动轴零件图

1. 打开包含标准图框及表面粗糙度符号的图形文件 "dwg\第 7 章\A3.dwg"，如图 7-37 所示。在图形窗口中单击鼠标右键，弹出快捷菜单，选择【剪贴板】/【带基点复制】命令，然后指定 A3 图框的右下角为基点，再选择该图框及表面粗糙度符号。

图7-37 复制图框

2. 切换到当前零件图，在图形窗口中单击鼠标右键，弹出快捷菜单，选择【剪贴板】/【粘贴】命令，把 A3 图框复制到当前图形中，结果如图 7-38 所示。

图7-38 粘贴图框

3. 使用 SCALE 命令把 A3 图框和表面粗糙度符号缩小 50%。

4. 创建新文字样式，样式名为"标注文字"。与该样式相连的字体文件是"gbeitc.shx"和"gbcbig.shx"。

5. 创建一个尺寸样式，名称为"国标标注"，对该样式做以下设置。
   - 标注文本连接"标注文字"，文字高度为"2.5"，精度为"0.0"，小数点格式为"句点"。
   - 标注文本与尺寸线间的距离为"0.8"。
   - 箭头大小为"2"。
   - 尺寸界线超出尺寸线长度为"2"。
   - 尺寸线起始点与标注对象端点间的距离为"0"。
   - 标注基线尺寸时，平行尺寸线间的距离为"6"。
   - 使用全局比例因子为 0.5（绘图比例的倒数）。
   - 使"国标标注"成为当前样式。

6. 使用 MOVE 命令将视图放入图框内，创建尺寸，再使用 COPY 及 ROTATE 命令标注表面粗糙度，尺寸标注结果如图 7-36 所示。

7.3 实训——创建及编辑尺寸标注

【练习7-9】： 打开附盘文件"dwg\第 7 章\7-9.dwg"，标注该图形，结果如图 7-39 所示。

图7-39 创建尺寸标注

创建尺寸标注的主要步骤如图 7-40 所示。

首先设置好"标注样式"，然后运用DIMLINEAR、DIMALIGNED命令，结合DIMCONTINUE和DIMBASELINE命令来标注图中的线性尺寸，最后调整标注尺寸到合适的位置

设置标注文字水平放置，然后利用DIMANGULAR、DIMDIAMETER及DIMRADIUS命令来标注图中的角度尺寸、直径尺寸及半径尺寸

图7-40 创建尺寸标注的主要步骤

7.4 综合案例——标注零件图

【练习7-10】： 打开附盘文件"dwg\第 7 章\7-10.dwg"，标注该图形，结果如图 7-41 所示。

图7-41 标注图形

1. 建立一个名为"标注层"的图层，设置图层颜色为红色，线型为"Continuous"，并使其成为当前层。
2. 创建新文字样式，样式名为"标注文字"，与该样式相连的字体文件是"gbeitc.shx"和"gbcbig.shx"。
3. 创建一个尺寸样式，名称为"国标标注"，对该样式做以下设置。
   - 标注文本样式连接"标注文字"，文字高度为 2.5，精度为 0.0，小数点格式是"句点"。
   - 标注文本与尺寸线间的距离是 0.8。
   - 箭头大小为 2。
   - 尺寸界线超出尺寸线长度为 2。
   - 尺寸线起始点与标注对象端点间的距离为 0.2。

- 标注基线尺寸时，平行尺寸线间的距离为 6。
- 标注全局比例因子为 2。
- 使 "国标标注" 成为当前样式。

4. 打开对象捕捉，设置捕捉类型为 "端点"、"交点"。标注尺寸，结果如图 7-41 所示。

【练习7-11】：打开附盘文件 "dwg\第 7 章\7-11.dwg"，标注图形，结果如图 7-42 所示。

图7-42　标注传动箱盖零件图

标注传动箱盖零件图的主要步骤如图 7-43 所示。

首先，标注1、2图中的线性尺寸，再修改标注文字的对齐方式为水平，标注1、2图中的角度尺寸、半径尺寸和直径尺寸；
然后，标注1图中的形位公差和引线标注；接着，标注1、2图中的粗糙度符号；最后，在2图的右下方输入技术要求内容

图7-43　标注传动箱零件图的主要步骤

7.5 习题

1. 打开附盘文件"dwg\第 7 章\7-12.dwg",标注该图形,结果如图 7-44 所示。

图7-44 标注平面图形

2. 打开附盘文件"dwg\第 7 章\7-13.dwg",标注法兰盘零件图,结果如图 7-45 所示。零件图图幅选用 A3 幅面,绘图比例为 1:1.5,标注字高为 3.5,字体为"gbeitc.shx",标注全局比例因子为 1.5。

图7-45 标注法兰盘零件图

165

第8章　零件图

【学习目标】
- 用 AutoCAD 绘制机械图的一般步骤。
- 在零件图中插入图框及布图。
- 标注零件图尺寸及表面粗糙度代号。
- 绘制轴类、盘盖类、叉架类及箱体类零件。

通过学习本章，读者可以了解用 AutoCAD 绘制机械图的一般过程，掌握一些实用绘图技巧。

8.1　范例解析——绘制典型零件图

下面介绍典型零件图的绘制方法及技巧。

8.1.1　轴套类零件

齿轮减速器传动轴的零件图如图 8-1 所示。

图8-1　齿轮减速器传动轴零件图

一、　材料

45 号钢。

二、 技术要求

(1) 调质处理 190～230HB。

(2) 未注圆角半径为 R1.5。

(3) 线性尺寸未注公差按 GB1804-m。

三、 形位公差

图中径向跳动、端面跳动及对称度的说明如表 8-1 所示。

表 8-1　　　　　　　　　　　　　　　形位公差

形位公差	说明
↗ 0.015 A-B	圆柱面对公共基准轴线的径向跳动公差为 0.015
↗ 0.017 A-B	轴肩对公共基准轴线的端面跳动公差为 0.017
= 0.02 D	键槽对称面对基准轴线的对称度公差为 0.02

四、 表面粗糙度

重要部位表面粗糙度的选用如表 8-2 所示。

表 8-2　　　　　　　　　　　　　　　表面粗糙度

位置	表面粗糙度 Ra	说明
安装滚动轴承处	0.8	要求保证定心及配合特性的表面
安装齿轮处	1.6	有配合要求的表面
安装带轮处	1.6	中等转速的轴颈
键槽侧面	3.2	与键配合的表面

【练习8-1】： 绘制传动轴零件图，如图 8-1 所示。这个练习的目的是使读者掌握用 AutoCAD 绘制轴类零件的方法和一些作图技巧。

1. 创建以下图层。

名称	颜色	线型	线宽
轮廓线层	白色	Continuous	0.50
中心线层	红色	CENTER	默认
剖面线层	绿色	Continuous	默认
文字层	绿色	Continuous	默认
尺寸标注层	绿色	Continuous	默认

2. 设定绘图区域大小为 200×200。单击导航栏上的 按钮，使绘图区域充满整个图形窗口显示出来。

3. 通过【线型控制】下拉列表打开【线型管理器】对话框，在此对话框中设定线型全局比例因子为 0.3。

4. 打开极轴追踪、对象捕捉及捕捉追踪功能。设置极轴追踪角度增量为 "90"，设置对象捕捉方式为 "端点"、"圆心" 及 "交点"。

5. 切换到轮廓线层。绘制零件的轴线 A 及左端面线 B，如图 8-2 左图所示。线段 A 的长度约为350，线段 *B* 的长度约为100。

6. 以线段 *A*、*B* 为作图基准线，使用 OFFSET 和 TRIM 命令形成轴左边的第一段、第二段和第三段，如图 8-2 右图所示。

图8-2　绘制轴左边的第一段、第二段等

7. 使用同样的方法绘制轴的其余 3 段，结果如图 8-3 左图所示。

8. 使用 CIRCLE、LINE、TRIM 等命令绘制键槽及剖面图，结果如图 8-3 右图所示。

图8-3　绘制轴的其余各段

9. 倒角，然后填充剖面图案，结果如图 8-4 所示。

图8-4　倒角及填充剖面图案

10. 将轴线和定位线等放置到中心线层上，将剖面图案放置到剖面线层上。

11. 打开附盘文件 "dwg\第 8 章\8-A3.dwg"，该文件包含 A3 幅面的图框、表面粗糙度符号及基准代号。利用 Windows 的复制和粘贴功能将图框及标注符号复制到零件图中，使用 SCALE 命令缩放它们，缩放比例为 1.5，然后把零件图布置在图框中，结果如图 8-5 所示。

图8-5　插入图框

12. 切换到尺寸标注层，标注尺寸及表面粗糙度，如图 8-6 所示（本图仅为了示意工程图标注后的真实结果）。尺寸文字字高为 3.5，标注全局比例因子为 1.5。

13. 切换到文字层，书写技术要求。"技术要求"字高为 5×1.5=7.5，其余文字字高为 3.5×1.5=5.25。中文字体采用"gbcbig.shx"，西文字体采用"gbeitc.shx"。

> **要点提示** 此零件图的绘图比例为 1:1.5，打印时将按此比例值出图。打印的真实效果为图纸幅面 A3，图纸上线条的长度与零件真实长度的比值为 1:1.5，标注文本高度为 3.5，技术要求中的文字字高为 5 和 3.5。

图8-6　标注尺寸及书写技术要求

8.1.2　盘盖类零件

联接盘零件图如图 8-7 所示，图例的相关说明如下。

图8-7　联接盘零件图

169

一、 材料

T10。

二、 技术要求

(1) 高频淬火 59～64HRC。

(2) 未注倒角 2×45°。

(3) 线性尺寸未注公差按 GB1804-f。

(4) 未注形位公差按 GB1184-80，查表按 B 级。

三、 形位公差

形位公差的说明如表 8-3 所示。

表 8-3   形位公差

形位公差	说明
⊕ |0.05 Ⓜ|A|B|	孔的轴线对基准 A、B 和理想尺寸 $\phi96$ 确定的理想位置公差为 0.05，该公差是在孔处于最大实体状态时给定的。当孔的尺寸偏离最大实体尺寸时，可将偏离值补偿给孔的位置度公差
◎ |$\phi0.02$|A|	被测轴线对基准轴线的同轴度公差为 0.02

四、 表面粗糙度

重要部位表面粗糙度的选用如表 8-4 所示。

表 8-4   表面粗糙度

位置	表面粗糙度 Ra	说明
圆柱面 $\phi78js6$ 圆柱面 $\phi31h7$	3.2	与轴有配合关系且用于定位
孔表面 $\phi30H8$ 孔表面 $\phi18H8$	1.6	有相对转动的表面，转速较低
基准面 B	6.3	该端面用于定位

【练习8-2】： 绘制联接盘零件图，如图 8-7 所示。这个练习的目的是使读者掌握用 AutoCAD 绘制盘盖类零件的方法和一些作图技巧。

1. 创建以下图层。

名称	颜色	线型	线宽
轮廓线层	白色	Continuous	0.50
中心线层	红色	CENTER	默认
剖面线层	绿色	Continuous	默认
文字层	绿色	Continuous	默认
尺寸标注层	绿色	Continuous	默认

2. 设定绘图区域大小为 200×200。单击导航栏上的 按钮，使绘图区域充满整个图形窗口显示出来。

3. 通过【线型控制】下拉列表打开【线型管理器】对话框，在此对话框中设定线型全局比例因子为 0.3。

4. 打开极轴追踪、对象捕捉及捕捉追踪功能。设置极轴追踪角度增量为"90"，设置对象捕捉方式为"端点"、"圆心"及"交点"。

5. 切换到轮廓线层。绘制水平及竖直的定位线，线段长度为 150 左右，如图 8-8 左图所示。使用 CIRCLE、ROTATE 及 ARRAY 等命令形成主视图细节，结果如图 8-8 右图所示。

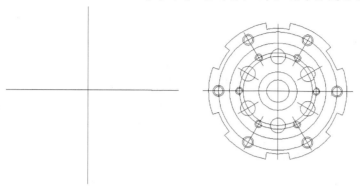

图8-8　绘制定位线及主视图细节

6. 使用 XLINE 命令绘制水平投影线，再使用 LINE 命令绘制出左视图作图基准线，结果如图 8-9 所示。

图8-9　绘制水平投影线及左视图作图基准线

7. 使用 OFFSET 及 TRIM 等命令形成左视图细节，结果如图 8-10 所示。

图8-10　绘制左视图细节

8. 创建倒角及填充剖面等，然后将定位线及剖面线分别修改到中心线层及剖面线层上，结果如图 8-11 所示。

图8-11　倒角及填充剖面图案等

9. 打开附盘文件 "dwg\第 8 章\8-A3.dwg"，该文件包含 A3 幅面的图框、表面粗糙度符号及基准代号。利用 Windows 的复制和粘贴功能将图框及标注符号复制到零件图中，然后把零件图布置在图框中，结果如图 8-12 所示。

图8-12　插入图框

10. 切换到尺寸标注层，标注尺寸及表面粗糙度。尺寸文字字高为 3.5，标注全局比例因子为 1。

11. 切换到文字层，书写技术要求。"技术要求" 字高为 5，其余文字字高为 3.5。中文字体采用 "gbcbig.shx"，西文字体采用 "gbeitc.shx"。

8.1.3　叉架类零件

转轴支架零件图如图 8-13 所示。

一、 材料

HT200。

二、 技术要求

(1) 铸件不得有砂眼及气孔等缺陷。

(2) 正火 170～190HB。

(3) 未注圆角 $R3$～$R5$。

(4) 线性尺寸未注公差按 GB1804-m。

图8-13　转轴支架零件图

三、　形位公差

图中形位公差的说明如表 8-5 所示。

表 8-5　　　　　　　　　　　　　　　形位公差

形位公差	说明
// 0.02 A	孔的轴线对基准面的平行度公差为 0.02
= 0.01 B	孔的轴线对槽的对称面在水平方向的对称度公差为 0.01

四、　表面粗糙度

重要部位表面粗糙度的选用如表 8-6 所示。

表 8-6　　　　　　　　　　　　　　　表面粗糙度

位置	表面粗糙度 Ra	说明
孔表面 $\phi 28H7$	0.8	有相对转动的表面
槽表面 $\phi 16H7$	3.2	起定位作用的表面
基准面 A	6.3	起定位作用的表面

【练习8-3】：　绘制转轴支架零件图，如图 8-13 所示。这个练习的目的是使读者掌握用 AutoCAD 绘制叉架类零件的方法和一些作图技巧。

1.　创建以下图层。

名称	颜色	线型	线宽
轮廓线层	白色	Continuous	0.50
中心线层	红色	Center	默认
虚线层	黄色	Dashed	默认
剖面线层	绿色	Continuous	默认
文字层	绿色	Continuous	默认
尺寸标注层	绿色	Continuous	默认

2. 设定绘图区域大小为 300×300。单击导航栏上的 按钮，使绘图区域充满整个图形窗口显示出来。

3. 通过【线型控制】下拉列表打开【线型管理器】对话框，在此对话框中设定线型全局比例因子为 0.3。

4. 打开极轴追踪、对象捕捉及捕捉追踪功能。设置极轴追踪角度增量为 "90"，设置对象捕捉方式为 "端点"、"圆心" 及 "交点"。

5. 切换到轮廓线层。绘制水平及竖直作图基准线，线段长度为 200 左右，如图 8-14 左图所示。使用 OFFSET 及 TRIM 等命令形成主视图细节，结果如图 8-14 右图所示。

图8-14　绘制作图基准线及主视图细节

6. 从主视图绘制水平投影线，再绘制左视图的对称线，如图 8-15 左图所示。使用 CIRCLE、OFFSET 及 TRIM 等命令形成左视图细节，结果如图 8-15 右图所示。

图8-15　绘制水平投影线及左视图细节

7. 复制并旋转左视图，然后向俯视图画投影线，结果如图 8-16 所示。

图8-16　绘制投影线

8. 使用 CIRCLE、OFFSET 及 TRIM 等命令形成俯视图细节，然后将定位线及剖面线分别修改到中心线层及剖面线层上，结果如图 8-17 所示。

图8-17　绘制俯视图细节

9. 打开附盘文件 "dwg\第 8 章\8-A3.dwg"，该文件包含 A3 幅面的图框、表面粗糙度符号及基准代号。利用 Windows 的复制和粘贴功能将图框及标注符号复制到零件图中，使用 SCALE 命令缩放它们，缩放比例为 1.5，然后把零件图布置在图框中，结果如图 8-18 所示。

图8-18　插入图框

10. 切换到尺寸标注层，标注尺寸及表面粗糙度。尺寸文字字高为 3.5，标注全局比例因子为 1.5。

11. 切换到文字层，书写技术要求。"技术要求" 字高为 5 × 1.5=7.5，其余文字字高为 3.5 × 1.5=5.25。中文字体采用 "gbcbig.shx"，西文字体采用 "gbeitc.shx"。

8.1.4　箱体类零件

蜗轮箱零件图如图 8-19 所示。

175

图8-19 蜗轮箱零件图

一、 材料

HT200。

二、 技术要求

(1) 铸件不得有砂眼、气孔及裂纹等缺陷。

(2) 机加工前进行时效处理。

(3) 未注铸造圆角为 $R3 \sim R5$。

(4) 加工面线性尺寸未注公差按 GB1804-m。

三、 形位公差

形位公差的说明如表 8-7 所示。

表 8-7　　　　　　　　　　　　　　形位公差

形位公差	说明
◎ $\phi 0.022$ A	孔的轴线对基准轴线的同轴度公差为 $\phi 0.022$
⊥ 0.03 A	被测端面对基准轴线的垂直度公差为 0.03

四、 表面粗糙度

重要部位表面粗糙度的选用如表 8-8 所示。

表 8-8　　　　　　　　　　　　　　表面粗糙度

位置	表面粗糙度 Ra	说明
孔表面 $\phi 40J7$	1.6	安装轴承的表面
零件底面	6.3	零件的安装面
左右端面	6.3	有位置度要求的表面

【**练习8-4**】： 绘制蜗轮箱零件图，如图 8-19 所示。这个练习的目的是使读者掌握用 AutoCAD 绘制箱体类零件的方法和一些作图技巧。

1. 创建以下图层。

名称	颜色	线型	线宽
轮廓线层	白色	Continuous	0.50
中心线层	红色	Center	默认
虚线层	黄色	Dashed	默认
剖面线层	绿色	Continuous	默认
文字层	绿色	Continuous	默认
尺寸标注层	绿色	Continuous	默认

2. 设定绘图区域大小为 300×300。单击导航栏上的按钮，使绘图区域充满整个图形窗口显示出来。

3. 通过【线型控制】下拉列表打开【线型管理器】对话框，在此对话框中设定线型全局比例因子为 0.3。

4. 打开极轴追踪、对象捕捉及捕捉追踪功能。设置极轴追踪角度增量为"90"，设置对象捕捉方式为"端点"、"圆心"及"交点"。

5. 切换到轮廓线层。绘制水平及竖直作图基准线，线的长度为 200 左右，如图 8-20 左图所示。使用 CIRCLE、OFFSET 及 TRIM 等命令形成主视图细节，结果如图 8-20 右图所示。

图8-20 绘制作图基准线及主视图细节

6. 从主视图绘制水平投影线，再绘制左视图的对称线，如图 8-21 左图所示。使用 CIRCLE、OFFSET 及 TRIM 等命令形成左视图细节，结果如图 8-21 右图所示。

图8-21 绘制水平投影线及左视图细节

7. 复制并旋转左视图，然后向俯视图画投影线，结果如图 8-22 所示。

图8-22　绘制投影线

8. 使用 CIRCLE、OFFSET 及 TRIM 等命令形成俯视图细节，然后将定位线及剖面线分别修改到中心线层及剖面线层上，结果如图 8-23 所示。

图8-23　绘制俯视图细节

9. 打开附盘文件 "dwg\第 8 章\8-A3.dwg"，该文件包含 A3 幅面的图框、表面粗糙度符号及基准代号。利用 Windows 的复制和粘贴功能将图框及标注符号复制到零件图中，使用 SCALE 命令缩放它们，缩放比例为 2，然后把零件图布置在图框中，结果如图 8-24 所示。

图8-24　插入图框

10. 切换到尺寸标注层，标注尺寸及表面粗糙度。尺寸文字字高为 3.5，标注全局比例因子为 2。

11. 切换到文字层，书写技术要求。"技术要求"字高为 5×2=10，其余文字字高为 3.5×2=7。中文字体采用"gbcbig.shx"，西文字体采用"gbeitc.shx"。

8.2 实训——绘制零件图

【练习8-5】： 绘制齿轮轴零件图，如图 8-25 所示。

技术要求

1.齿轮表面渗碳深度0.8-1.2,齿部高频淬火58-64HRC。

2.轴部分渗碳深度不小于0.7,表面硬度不低于56HRC。

3.未注倒角2x45°。

4.线性尺寸未注公差按GB1804-m。

5.未注形位公差按GB1184-80,查表取C级。

图8-25 齿轮轴零件图

主要作图步骤如图 8-26 所示。

图8-26 主要作图步骤

【练习8-6】： 绘制导轨座零件图，如图 8-27 所示。

图8-27　导轨座零件图

主要作图步骤如图 8-28 所示。

图8-28　主要作图步骤

8.3　习题

1.　绘制定位套零件图，如图 8-29 所示。

图8-29　定位套零件图

2. 绘制扇形齿轮零件图，如图 8-30 所示，该齿轮模数为 1，齿数为 190。

图8-30 扇形齿轮零件图

第9章　装配图

【学习目标】
- 根据装配图拆绘零件图及检验零件间装配尺寸的正确性。
- 由零件图组合装配图，给装配图中的零件编号及形成零件明细表。

通过学习本章，读者可以掌握绘制装配图的方法及技巧。

9.1　范例解析

本节主要介绍根据装配图拆绘零件图、由零件图组合装配图、标注零件序号及编写明细表等。

9.1.1　根据装配图拆绘零件图

绘制了精确的装配图后，就可利用 AutoCAD 的复制及粘贴功能从该图拆绘零件图，具体过程如下。

(1) 将装配图中某个零件的主要轮廓复制到剪贴板上。

(2) 通过样板文件创建一个新文件，然后将剪贴板上的零件图粘贴到当前文件中。

(3) 在已有零件图的基础上进行详细的结构设计，要求精确地进行绘制，以便以后利用零件图检验装配尺寸的正确性，详见 9.1.2 小节。

【练习9-1】：　打开附盘文件"dwg\第 9 章\9-1.dwg"，如图 9-1 所示，由装配图拆绘零件图。

图9-1　拆绘零件图

1. 创建新图形文件，文件名为"简体.dwg"。

2. 切换到文件"9-1.dwg"，在图形窗口中单击鼠标右键，弹出快捷菜单，选择【剪贴板】/【带基点复制】命令，然后选择简体零件并指定复制的基点为 A 点，如图 9-2 所示。

图9-2　复制对象

3. 切换到文件"简体.dwg"，在图形窗口中单击鼠标右键，弹出快捷菜单，选择【剪贴板】\【粘贴】命令，结果如图 9-3 所示。
4. 对简体零件进行必要的编辑，结果如图 9-4 所示。

图9-3　粘贴对象　　　　　　　　　　　　　　图9-4　编辑图形

9.1.2　检验零件间装配尺寸的正确性

复杂机器设备常常包含成百上千个零件，这些零件要正确地装配在一起，就必须保证所有零件配合尺寸的正确性，否则，就会产生干涉。若技术人员一张张图纸去核对零件的配合尺寸，则工作量会非常大，且容易出错。怎样才能更有效地检查配合尺寸的正确性呢？可先通过 AutoCAD 的复制及粘贴功能将零件图"装配"在一起，然后通过查看"装配"后的图样就能迅速判定配合尺寸是否正确。

【练习9-2】：　打开附盘文件"dwg\第 9 章\9-2-A.dwg"、"9-2-B.dwg"和"9-2-C.dwg"，将它们装配在一起，以检验配合尺寸的正确性。

1. 创建新图形文件，文件名为"装配检验.dwg"。
2. 切换到图形"9-2-A.dwg"，关闭标注层，如图 9-5 所示。在图形窗口中单击鼠标右键，弹出快捷菜单，选择【剪贴板】\【带基点复制】命令，复制零件主视图。
3. 切换到图形"装配检验.dwg"，在图形窗口中单击鼠标右键，弹出快捷菜单，选择【剪贴板】\【粘贴】命令，结果如图 9-6 所示。
4. 切换到图形"9-2-B.dwg"，关闭标注层。在图形窗口中单击鼠标右键，弹出快捷菜单，选择【剪贴板】\【带基点复制】命令，复制零件主视图。

图9-5 复制零件主视图

图9-6 粘贴对象

5. 切换到图形"装配检验.dwg"，在图形窗口中单击鼠标右键，弹出快捷菜单，选择【剪贴板】/【粘贴】命令，结果如图 9-7 左图所示。

6. 使用 MOVE 命令将两个零件装配在一起，结果如图 9-7 右图所示。由图可以看出，两零件正确地配合在一起，它们的装配尺寸是正确的。

7. 使用上述同样的方法将零件"9-2-C"与"9-2-A"也装配在一起，结果如图 9-8 所示。

图9-7 粘贴对象

图9-8 将两个零件装配在一起

9.1.3 由零件图组合装配图

若已绘制了机器或部件的所有零件图，当需要一张完整的装配图时，可考虑利用零件图来拼绘装配图，这样能避免重复劳动，提高工作效率。拼绘装配图的方法如下。

(1) 创建一个新文件。

(2) 打开所需的零件图，关闭尺寸所在的图层，利用复制及粘贴功能将零件图复制到新文件中。

(3) 利用 MOVE 命令将零件图组合在一起，再进行必要的编辑，形成装配图。

【练习9-3】： 打开附盘文件"dwg\第 9 章\9-3-A.dwg"、"9-3-B.dwg"、"9-3-C.dwg"和"9-3-D.dwg"，将 4 张零件图"装配"在一起，形成装配图。

1. 创建新图形文件，文件名为"装配图.dwg"。

2. 切换到图形"9-3-A.dwg"，在图形窗口中单击鼠标右键，弹出快捷菜单，选择【剪贴板】/【带基点复制】命令，复制零件主视图。

3. 切换到图形 "装配图.dwg"，在图形窗口中单击鼠标右键，弹出快捷菜单，选择【剪贴板】/【粘贴】命令，结果如图 9-9 所示。

图9-9　粘贴对象（1）

4. 切换到图形 "9-3-B.dwg"，在图形窗口中单击鼠标右键，弹出快捷菜单，选择【剪贴板】/【带基点复制】命令，复制零件左视图。

5. 切换到图形 "装配图.dwg"，在图形窗口中单击鼠标右键，弹出快捷菜单，选择【剪贴板】/【粘贴】命令。再重复粘贴操作，结果如图 9-10 所示。

图9-10　粘贴对象（2）

6. 使用 MOVE 命令将零件图装配在一起，结果如图 9-11 所示。

图9-11　将零件装配在一起

7. 用与上述类似的方法将零件图 "9-3-C" 与 "9-3-D" 也插入装配图中，并进行必要的编辑，结果如图 9-12 所示。

图9-12　将零件图组合成装配图

8. 打开附盘文件 "dwg\第 9 章\标准件.dwg"，将该文件中的 M20 螺栓、螺母及垫圈等标准件复制到 "装配图.dwg" 中，然后使用 MOVE 和 ROTATE 命令将这些标准件装配到正确的位置，结果如图 9-13 所示。

图9-13　插入标准件

9.1.4　标注零件序号

使用 MLEADER 命令可以很方便地创建带下画线或带圆圈形式的零件序号。生成序号后，用户可通过关键点编辑方式调整引线或序号数字的位置。

【练习9-4】：　编写零件序号。

1. 打开附盘文件 "dwg\第 9 章\9-4.dwg"。

2. 单击【注释】面板上的 按钮，打开【多重引线样式管理器】对话框，再单击
    修改(M)... 按钮，打开【修改多重引线样式】对话框，如图 9-14 所示。

图9-14　【修改多重引线样式】对话框

在该对话框中完成以下设置。

(1) 在【引线格式】选项卡中设置参数，如图 9-15 所示。

(2) 在【引线结构】选项卡中设置参数，如图 9-16 所示。文本框中的数值 "2" 表示下画线与引线间的距离，【指定比例】文本框中的数值等于绘图比例的倒数。

图9-15 标注零件序号

图9-16 对齐零件序号

(3) 在【内容】选项卡中设置参数，如图 9-14 所示。其中【基线间隙】文本框中的数值表示下画线的长度。

3. 单击【注释】面板上的 按钮，启动创建引线标注命令，标注零件序号，结果如图 9-17 所示。

4. 对齐零件序号。单击【注释】面板上的 按钮，选择零件序号 1、2、3、5，按 Enter 键，然后选择要对齐的序号 4 并指定水平方向为对齐方向，结果如图 9-18 所示。

图9-17 标注零件序号   图9-18 对齐零件序号

9.1.5 编写明细表

用户可事先创建空白表格对象并保存在一个文件中，当要编写零件明细表时，打开该文件，然后填写表格对象。

【练习9-5】: 打开附盘文件"dwg\第 9 章\明细表.dwg"，该文件包含一个零件明细表。此表是表格对象，通过双击其中一个单元就可填写文字，填写结果如图9-19 所示。

	5	右阀体	1	青铜			
旧底图总号	4	手柄	1	HT150			
	3	球形阀瓣	1	黄铜			
	2	阀杆	1	35			
底图总号	1	左阀体	1	青铜			
			制定		标记		
			编写			共 页 第 页
签名	日期		校对				
			标准化检查		明细表		
标记	更改内容或依据	更改人	日期	审核			

图9-19 填写零件明细表

9.2 实训——绘制装配图

【练习9-6】： 打开附盘文件"dwg\第 9 章\9-6-A.dwg"、"9-6-B.dwg"和"9-6-C.dwg"，
将它们组合成装配图。

组合装配图的主要步骤如图 9-20 所示。

采用带基点复制的方式将"9-6-B.dwg"中的零件图复制
到"9-6-A.dwg"中，结果如图A、B处，其中B处将零
件图"9-6-B.dwg"旋转180°再移到合适位置

采用带基点复制的方式将"9-6-C.dwg"中的零件图复制
到"9-6-A.dwg"中，结果如图C、D处，其中D处将零
件图"9-6-C.dwg"旋转180°再移到合适位置

图9-20 组合装配图的主要步骤

9.3 习题

1. 打开附盘文件"dwg\第 9 章\9-7.dwg"，如图 9-21 所示，由此装配图拆绘零件图。

图9-21 由装配图拆绘零件图

2. 打开附盘文件"dwg\第 9 章\9-8.dwg"，给装配图中的零件编号，如图 9-22 所示。

图9-22 编写零件序号

188

第10章 查询信息、块及外部参照

【学习目标】
- 查询距离、面积及周长等信息。
- 创建图块、插入图块。
- 创建及编辑块属性。
- 引用外部图形。
- 更新当前图形中的外部引用。

通过学习本章，读者可以掌握查询距离、面积及周长等图形信息的方法，并了解块和外部参照的概念及基本使用方法等。

10.1 功能讲解——获取图形信息的方法

本节将介绍获取图形信息的一些命令。

10.1.1 获取点的坐标

ID 命令用于查询图形对象上某点的绝对坐标，坐标值以"x, y, z"形式显示出来。对于二维图形，z 坐标值为零。

命令启动方法
- 菜单命令：【工具】/【查询】/【点坐标】。
- 面板：【实用工具】面板上的 点坐标 按钮。
- 命令：ID。

> **要点提示** ID 命令显示的坐标值与当前坐标系的位置有关。如果用户创建新坐标系，则 ID 命令测量的同一点坐标值也将发生变化。

10.1.2 测量距离及长度

DIST 或 MEA 命令（【距离】选项）可测量距离及连续线的长度。使用 MEA 命令时，屏幕上将显示测量结果。

命令启动方法
- 菜单命令：【工具】/【查询】/【距离】。
- 面板：【实用工具】面板上的 距离 按钮。
- 命令：DIST 或简写 DI，MEASUREGEOM 或简写 MEA。

(1) 测量两点间距离。

DIST 或 MEA 命令既可测量两点之间的距离，同时还能计算出与两点连线相关的两种角度，如图 10-1（a）所示。

- *XY* 平面中的倾角：两点连线在 xy 平面上的投影与 x 轴间的夹角。
- 与 *XY* 平面的夹角：两点连线与 xy 平面间的夹角。

(2) 计算线段构成的连续线长度。

启动 DIST 或 MEA 命令，选择"多个点(M)"选项，然后指定连续线的端点，就能计算出连续线的长度，如图 10-1（b）所示。

(3) 计算包含圆弧的连续线长度。

启动 DIST 或 MEA 命令，选择"多个点(M)"/"圆弧(A)"或"长度(L)"选项，就可以像绘制多段线一样测量含圆弧的连续线的长度，如图 10-1（c）所示。

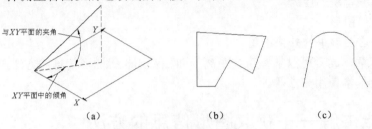

（a） （b） （c）

图10-1 测量距离及长度

启动 MEA 命令后，如果按 F12 键打开动态输入，就在屏幕上显示测量的结果。完成一次测量的同时将弹出快捷菜单，选择【距离】命令，可继续测量距离另一条连续线的长度。

10.1.3 测量半径及直径

单击【实用工具】面板上的 半径 按钮，选择圆弧或圆，如果按 F12 键打开动态输入，就在屏幕上显示测量的结果，如图 10-2 所示。完成一次测量的同时将弹出快捷菜单，选择其中的命令，可继续进行测量。

图10-2 测量半径及直径

10.1.4 测量角度

单击【实用工具】面板上的 角度 按钮，可测量角度。

(1) 两条线段的夹角。

单击 角度 按钮，选择夹角的两条边，如图 10-3（a）所示。

(2) 测量圆心角。

单击 按钮，选择圆弧，或在圆上选择两点，如图 10-3（b）所示。

(3) 测量三点构成的角度。

单击 按钮，先选择夹角的顶点，再选择另外两点，如图 10-3（c）所示。

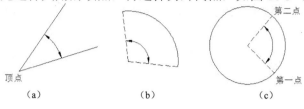

图10-3 测量角度

10.1.5 计算图形面积及周长

AREA 或 MEA 命令（【面积】选项）可测量图形面积及周长。使用 MEA 命令时，屏幕上将显示测量结果。

一、 命令启动方法

- 菜单命令: 【工具】/【查询】/【面积】。
- 面板: 【实用工具】面板上的 按钮。
- 命令: AREA 或简写 AA，MEASUREGEOM 或简写 MEA。

(1) 测量多边形区域的面积及周长。

启动 AREA 或 MEA 命令，然后指定折线的端点就能计算出折线包围区域的面积及周长，如图 10-4 左图所示。若折线不闭合，则 AutoCAD 假定将其闭合进行计算，所得周长是折线闭合后的数值。

(2) 测量包含圆弧区域的面积及周长。

启动 AREA 或 MEA 命令，选择"圆弧(A)"或"长度(L)"选项，就可以像创建多段线一样"绘制"图形的外轮廓，如图 10-4 右图所示。"绘制"完成，AutoCAD 显示面积及周长。

若轮廓不闭合，则 AutoCAD 假定将其闭合进行计算，所得周长是轮廓闭合后的数值。

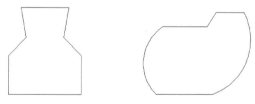

图10-4 测量图形面积及周长

【练习10-1】： 用 MEA+AR 命令计算图形面积，如图 10-5 所示。

图10-5 测量图形面积

命令： _MEASUREGEOM   //单击 按钮

191

指定第一个角点或 [增加面积(A)] <对象(O)>: a　　　　//使用"增加面积(A)"选项

指定第一个角点:　　　　　　　　　　　　　　　　　　//捕捉 A 点

("加"模式)指定下一个点:　　　　　　　　　　　　　//捕捉 B 点

("加"模式)指定下一个点或 [圆弧(A)]: a　　　　　//使用"圆弧(A)"选项

指定圆弧的端点或[第二个点(S)]: s　　　　　　　　//使用"第二个点(S)"选项

指定圆弧上的第二个点: nea 到　　　　　　　　　　　//捕捉圆弧上的一点

指定圆弧的端点:　　　　　　　　　　　　　　　　　//捕捉 C 点

指定圆弧的端点或[直线(L)]: l　　　　　　　　　　//使用"直线(L)"选项

("加"模式)指定下一个点:　　　　　　　　　　　　　//捕捉 D 点

("加"模式)指定下一个点:　　　　　　　　　　　　　//捕捉 E 点

("加"模式)指定下一个点:　　　　　　　　　　　　　//按 Enter 键

区域 = 933629.2416，周长 = 4652.8657

总面积 = 933629.2416

指定第一个角点或 [减少面积(S)]: s　　　　　　　　//使用"减少面积(S)"选项

指定第一个角点或 [对象(O)]: o　　　　　　　　　　//使用"对象(O)"选项

("减"模式) 选择对象:　　　　　　　　　　　　　　　//选择圆

区域 = 36252.3386，圆周长 = 674.9521

总面积 = 897376.9029

指定第一个角点或 [对象(O)/增加面积(A)/退出(X)]: x　　//使用"退出(X)"选项

输入选项 [距离(D)/半径(R)/角度(A)/面积(AR)/体积(V)/退出(X)] <面积>: x

　　　　　　　　　　　　　　　　　　　　　　　　//使用"退出(X)"选项

二、　命令选项

(1) 对象(O): 求出所选对象的面积，有以下两种情况。

- 用户选择的对象是圆、椭圆、面域、正多边形及矩形等闭合图形。
- 对于非封闭的多段线及样条曲线，AutoCAD 将假定有一条连线使其闭合，然后计算出闭合区域的面积，而所计算出的周长却是多段线或样条曲线的实际长度。

(2) 增加面积(A): 进入"加"模式。该选项使用户可以将新测量的面积加入到总面积中。

(3) 减少面积(S): 利用此选项可使 AutoCAD 把新测量的面积从总面积中扣除。

 可以将复杂的图形创建成面域，然后利用"对象(O)"选项查询面积及周长。

10.1.6　列出对象的图形信息

LIST 命令将列表显示对象的图形信息，这些信息随对象类型的不同而不同，一般包括以下内容。

- 对象类型、图层及颜色等。
- 对象的一些几何特性，如线段的长度、端点坐标、圆心位置、半径大小、圆的面积及周长等。

命令启动方法

- 菜单命令:【工具】/【查询】/【列表】。
- 面板:【特性】面板上的 列表 按钮。
- 命令: LIST 或简写 LI。

【练习10-2】: 练习 LIST 命令。

打开附盘文件 "dwg\第 10 章\10-2.dwg"。单击【特性】面板上的 列表 按钮,启动
LIST 命令,AutoCAD 提示如下。

```
命令:_list
选择对象:找到 1 个           //选择圆,如图 10-6 所示
选择对象:                 //按 Enter 键结束,AutoCAD 打开【文本窗口】,显示以下信息
圆        图层:0
空间:模型空间
句柄 = 1e9
圆心 点,  X=1643.5122  Y=1348.1237  Z=   0.0000
半径   59.1262
周长   371.5006
面积 10982.7031
```

图10-6　查询圆的几何信息

 可以将复杂的图形创建成面域,然后用 LIST 命令查询面积及周长等。

10.2　范例解析——查询图形信息综合练习

【练习10-3】: 打开附盘文件 "dwg\第 10 章\10-3.dwg",如图 10-7 所示。试计算:
(1) 图形外轮廓线的周长。
(2) 线框 A 的周长及围成的面积。
(3) 3 个圆弧槽的总面积。
(4) 去除圆弧槽及内部异形孔后的图形总面积。

图10-7　计算面积及周长

1. 使用 REGION 命令将图形外轮廓线围成的区域创建成面域,然后使用 LIST 命令获取外

轮廓线框的周长，数值为 758.56。

2. 把线框 *A* 围成的区域创建成面域，再使用 LIST 命令查询该面域的周长和面积，数值分别为 292.91 和 3421.76。

3. 将 3 个圆弧槽创建成面域，然后使用 AREA 命令的"增加面积(A)"选项计算 3 个槽的总面积，数值为 4108.50。

4. 用外轮廓线面域"减去" 3 个圆弧槽面域及内部异形孔面域，再使用 LIST 命令查询图形总面积，数值为 17934.85。

10.3 功能讲解——图块及块属性

在机械工程中有大量反复使用的标准件，如轴承、螺栓及螺钉等。由于某种类型的标准件其结构形状是相同的，只是尺寸、规格有所不同，因而作图时，常事先将它们生成图块。这样，当用到标准件时只需插入已定义的图块即可。

10.3.1 定制及插入标准件块

用 BLOCK 命令可以将图形的一部分或整个图形创建成图块，用户可以给图块起名，并可定义插入基点。

一、 BLOCK 命令启动方法

- 菜单命令：【绘图】/【块】/【创建】。
- 面板：【块】面板上的 [创建] 按钮。
- 命令：BLOCK 或简写 B。

用户可以使用 INSERT 命令在当前图形中插入块或其他图形文件。无论块或被插入的图形多么复杂，AutoCAD 都将它们作为一个单独的对象，如果用户需编辑其中的单个图形元素，就必须分解图块或文件块。

二、 INSERT 命令启动方法

- 菜单命令：【插入】/【块】。
- 面板：【块】面板上的 按钮。
- 命令：INSERT 或简写 I。

【练习10-4】： 创建及插入图块。

1. 打开附盘文件 "dwg\第 10 章\10-4.dwg"，如图 10-8 所示。

图10-8 创建及插入图块

2. 单击【默认】选项卡中【块】面板上的 [创建] 按钮，或输入 BLOCK 命令，AutoCAD 打开【块定义】对话框，在【名称】文本框中输入块名"螺栓"，如图 10-9 所示。

图10-9 【块定义】对话框

3. 选择构成块的图形元素。单击 按钮，AutoCAD 返回绘图窗口，并提示"选择对象"，选择螺栓头及垫圈，如图 10-8 所示。

4. 指定块的插入基点。单击 按钮，AutoCAD 返回绘图窗口，并提示"指定插入基点"，拾取 *A* 点，如图 10-8 所示。

5. 单击 确定 按钮，AutoCAD 生成图块。

6. 插入图块。单击【默认】选项卡中【块】面板上的 按钮，或输入 INSERT 命令，AutoCAD 打开【插入】对话框，在【名称】下拉列表中选择【螺栓】选项，并在【插入点】、【比例】及【旋转】分组框中选择【在屏幕上指定】复选项，如图 10-10 所示。

图10-10 【插入】对话框

7. 单击 确定 按钮，AutoCAD 提示如下。

```
命令：_insert
指定插入点或 [基点(B)/比例(S)/X/Y/Z/旋转(R)]：int 于
                              //指定插入点 B，如图 10-11 所示
输入 X 比例因子，指定对角点，或 [角点(C)/XYZ(XYZ)] <1>：1
                              //输入 x 方向缩放比例因子
输入 Y 比例因子或 <使用 X 比例因子>：1    //输入 y 方向缩放比例因子
指定旋转角度 <0>：-90          //输入图块的旋转角度
```

结果如图 10-11 所示。

图10-11　插入图块

要点提示　可以指定 *x*、*y* 方向的负缩放比例因子，此时插入的图块将做镜像变换。

8.　请读者插入其余图块。

【块定义】及【插入】对话框中常用选项的功能如表 10-1 所示。

表 10-1 常用选项的功能

对话框	选项	功能
【块定义】	【名称】	在此文本框中输入新建图块的名称
	【选择对象】	单击 ✛ 按钮，AutoCAD 切换到绘图窗口，用户在绘图区中选择构成图块的图形对象
	【拾取点】	单击 🗔 按钮，AutoCAD 切换到绘图窗口，用户可直接在图形中拾取某点作为块的插入基点
	【保留】	AutoCAD 生成图块后，还保留构成块的源对象
	【转换为块】	AutoCAD 生成图块后，把构成块的源对象也转化为块
【插入】	【名称】	通过此下拉列表选择要插入的块。如果要将 ".dwg" 文件插入到当前图形中，就单击 浏览(B)... 按钮，然后选择要插入的文件
	【统一比例】	使块沿 *x*、*y*、*z* 方向的缩放比例都相同
	【分解】	AutoCAD 在插入块的同时分解块对象

10.3.2　创建及使用块属性

在 AutoCAD 中，可以使块附带属性。属性类似于商品的标签，包含了图块所不能表达的一些文字信息，如材料、型号及制造者等，存储在属性中的信息一般称为属性值。当用 BLOCK 命令创建块时，将已定义的属性与图形一起生成块，这样块中就包含属性了。当然，用户也能只将属性本身创建成一个块。

属性有助于用户快速产生关于设计项目的信息报表，或者作为一些符号块的可变文字对象。其次，属性也常用来预定义文本位置、内容或提供文本默认值等，例如把标题栏中的一些文字项目定制成属性对象，就能方便地填写或修改。

命令启动方法

- 菜单命令:【绘图】/【块】/【定义属性】。
- 面板:【块】面板上的 🖾 按钮。
- 命令: ATTDEF 或简写 ATT。

【练习10-5】：在下面的练习中，将演示定义属性及使用属性的具体过程。

1. 打开附盘文件"dwg\第 10 章\10-5.dwg"。

2. 单击【默认】选项卡中【块】面板上的 按钮，或输入 ATTDEF 命令，AutoCAD 打开【属性定义】对话框，如图 10-12 所示。在【属性】分组框中输入下列内容。

　　　【标记】：　　　姓名及号码
　　　【提示】：　　　请输入您的姓名及电话号码
　　　【默认】：　　　李燕　2660732

3. 在【文字样式】下拉列表中选择"样式-1"，在【文字高度】文本框中输入数值"3"，单击 确定 按钮，AutoCAD 提示"指定起点"，在电话机的下边拾取 A 点，结果如图 10-13 所示。

图10-12　【属性定义】对话框

图10-13　定义属性

4. 将属性与图形一起创建成图块。单击【块】面板上的 创建 按钮，AutoCAD 打开【块定义】对话框，如图 10-14 所示。

5. 在【名称】文本框中输入新建图块的名称"电话机"，在【对象】分组框中选择【保留】单选项，如图 10-14 所示。

图10-14　【块定义】对话框

6. 单击 按钮，AutoCAD 返回绘图窗口，并提示"选择对象"，选择电话机及属性，如图 10-13 所示。

7. 指定块的插入基点。单击 按钮（拾取点），AutoCAD 返回绘图窗口，并提示"指定插入基点"，拾取点 B，如图 10-13 所示。

8. 单击 ［ 确定 ］ 按钮，AutoCAD 生成图块。

9. 插入带属性的块。单击【块】面板上的 ![按钮]，AutoCAD 打开【插入】对话框，在【名称】下拉列表中选择【电话机】选项，如图 10-15 所示。

10. 单击 ［ 确定 ］ 按钮，AutoCAD 提示如下。

> 指定插入点或 [基点(B)/比例(S)/X/Y/Z/旋转(R)]:　　//在屏幕的适当位置指定插入点
> 请输入您的姓名及电话号码 <李燕 2660732>: 张涛 5895926　　//输入属性值

结果如图 10-16 所示。

图10-15　【插入】对话框

姓名及号码　　　　　　张涛　5895926

图10-16　插入带属性的图块

【属性定义】对话框（见图 10-12）中常用选项的功能如下。

- 【不可见】：控制属性值在图形中的可见性。如果想使图中包含属性信息，但又不想使其在图形中显示出来，就选中此复选项。有一些文字信息（如零部件的成本、产地、存放仓库等）常不必在图样中显示出来，就可设定为不可见属性。

- 【固定】：选中该选项，属性值将为常量。

- 【验证】：设置是否对属性值进行校验。若选取该复选项，则插入块并输入属性值后，AutoCAD 将再次给出提示，让用户校验输入值是否正确。

- 【预设】：该选项用于设定是否将实际属性值设置成默认值。若选中此选项，则插入块时，AutoCAD 将不再提示用户输入新属性值，实际属性值等于【默认】文本框中的默认值。

- 【对正】：该下拉列表中包含了 10 多种属性文字的对齐方式，如对齐、居中、中间、左和右等。这些选项的功能与 DTEXT 命令中对应选项的功能相同。

- 【文字样式】：从该下拉列表中选择文字样式。

- 【文字高度】：在文本框中输入属性文字高度。

- 【旋转】：设定属性文字的旋转角度。

10.3.3　编辑块的属性

若属性已被创建成为块，则用户可用 EATTEDIT 命令来编辑属性值及其他特性。

命令启动方法

- 菜单命令：【修改】/【对象】/【属性】/【单个】。

- 面板：【块】面板上的 ![按钮] 按钮。

- 命令：EATTEDIT。

【练习10-6】：练习 EATTEDIT 命令。

启动 EATTEDIT 命令，AutoCAD 提示"选择块"，用户选择要编辑的图块后，AutoCAD 打开【增强属性编辑器】对话框，如图 10-17 所示，在此对话框中用户可对块属性进行编辑。

【增强属性编辑器】对话框中有 3 个选项卡：【属性】、【文字选项】及【特性】，它们的功能介绍如下。

(1) 【属性】选项卡。

在该选项卡中，AutoCAD 列出当前块对象中各个属性的标记、提示及值，如图 10-17 所示。选中某一属性，用户就可以在【值】文本框中修改属性的值。

(2) 【文字选项】选项卡。

该选项卡用于修改属性文字的一些特性，如文字样式及字高等，如图 10-18 所示。选项卡中各选项的含义与【文字样式】对话框中同名选项的含义相同，参见 6.1.1 小节。

图10-17　【属性】选项卡

图10-18　【文字选项】选项卡

(3) 【特性】选项卡。

在该选项卡中用户可以修改属性文字的图层、线型及颜色等，如图 10-19 所示。

图10-19　【特性】选项卡

10.3.4　参数化的动态块

用 BLOCK 命令创建的图块是静态的，使用时不能改变其形状及大小（只能缩放）。动态块继承了普通图块的所有特性，但增加了动态性。创建此类图块时，可加入几何及尺寸约束，利用这些约束驱动块的形状及大小发生变化。

【练习10-7】：创建参数化动态块。

1. 单击【默认】选项卡中【块】面板上的 [C$ 编辑] 按钮，打开【编辑块定义】对话框，输入块名 "DB-1"。单击 [确定] 按钮，进入块编辑器。绘制平面图形，尺寸任意，如图 10-20 所示。

图10-20 绘制平面图形

2. 单击【管理】面板上的 构造 按钮，选择圆的定位线，利用"转换(C)"选项将定位线转化为构造几何对象，如图 10-21 所示。此类对象是虚线，只在块编辑器中显示，不在绘图窗口中显示。

3. 单击【几何】面板上的 按钮，选择所有对象，让系统自动添加几何约束，如图 10-22 所示。

图10-21 将定位线转化为构造几何对象

图10-22 自动添加几何约束

4. 给所有圆添加相等约束，然后加入尺寸约束并修改尺寸变量的名称，如图 10-23 所示。

5. 单击【管理】面板上的 fx 按钮，打开【参数管理器】，修改尺寸变量的值（不修改变量 L、W 及 DIA 的值），如图 10-24 所示。

图10-23 加入尺寸约束并修改尺寸变量的名称

图10-24 修改尺寸变量的值

6. 单击 按钮，测试图块。选中图块，拖动关键点改变块的大小，如图 10-25 所示。

200

7. 单击鼠标右键，选择【特性】命令，打开【特性】对话框，将尺寸变量 *L*、*W*、*DIA* 的
   值修改为 "18"、"6"、"1.1"，结果如图 10-26 所示。

图10-25　测试图块

图10-26　修改尺寸

8. 单击 ✕ 按钮，关闭测试窗口，返回块编辑器。单击 按钮，保存图块。

10.3.5　利用表格参数驱动动态块

在动态块中加入几何及尺寸约束后，就可通过修改尺寸值改变动态块的形状及大小。用
户可事先将多个尺寸参数创建成表格，利用表格指定块的不同尺寸组。

【练习10-8】：　创建参数化动态块。

1. 单击【默认】选项卡中【块】面板上的 编辑 按钮，打开【编辑块定义】对话框，输入
   块名 "DB-2"。单击 确定 按钮，进入块编辑器。绘制平面图形，尺寸任意，如图
   10-27 所示。

图10-27　绘制平面图形

2. 单击【几何】面板上的 按钮，选择所有对象，让系统自动添加几何约束，如图 10-28

所示。

3. 添加相等约束，使两个半圆弧及两个圆的大小相同；添加水平约束，使两个圆弧的圆心在同一条水平线上，如图 10-29 所示。

图10-28 自动添加几何约束

图10-29 添加几何约束

4. 添加尺寸约束，修改尺寸变量的名称及相关表达式，如图 10-30 所示。

5. 单击【标注】面板上的 ▦ 按钮，指定块参数表放置的位置及关键点的数量，打开【块特性表】对话框。单击该对话框中的 ⨍ₓ 按钮，打开【新参数】对话框，如图 10-31 所示。输入新参数名称 "LxH"，设定新参数类型为 "字符串"。

图10-30 加入尺寸约束

图10-31 【新参数】对话框

6. 返回【块特性表】对话框，单击 ⨍ₓ 按钮，打开【添加参数特性】对话框，如图 10-32 左图所示。选择参数 L 及 H，单击 ▭ 确定 ▭ 按钮，所选参数添加到【块特性表】对话框中，如图 10-32 右图所示。

图10-32 将参数添加到【块特性表】对话框中

7. 双击表格单元，输入参数值，如图 10-33 所示。

8. 单击 按钮，测试图块。选中图块，单击参数表的关键点，选择不同的参数，查看块的变化，如图 10-34 所示。

图10-33　输入参数值　　　　　　　　　　　　　图10-34　测试图块（1）

9. 关闭测试窗口，单击【标注】面板上的 按钮，打开【块特性表】对话框。按住列标题名称"L"，将其拖到第一列，如图 10-35 所示。

10. 单击 按钮，测试图块。选中图块，单击参数表的关键点，打开参数列表，目前的列表样式已发生变化，如图 10-36 所示。

图10-35　【块特性表】对话框　　　　　　　　　图10-36　测试图块（2）

11. 单击 按钮，关闭测试窗口，返回【块】编辑器。单击 按钮，保存图块。

10.4　范例解析——块及属性综合练习

【练习10-9】：　此练习的内容包括创建块、属性及插入带属性的图块。

1. 打开附盘文件"dwg\第 10 章\10-9.dwg"。
2. 定义属性"粗糙度"，该属性包含以下内容。

　　　　　　　【标记】：　　　粗糙度
　　　　　　　【提示】：　　　请输入粗糙度值
　　　　　　　【默认】：　　　12.5

3. 设定属性的高度为"3.5"，字体为"工程文字"，对齐方式为"右"，对齐点在 A 点处，如图 10-37 所示。
4. 将粗糙度符号及属性一起创建成图块。
5. 插入粗糙度块并输入属性值，结果如图 10-38 所示。

图10-37　定义属性

图10-38　插入粗糙度块并输入属性值

10.5　功能讲解——外部参照

当用户将其他图形以块的形式插入当前图样中时，被插入的图形就成为当前图样的一部分。用户可能并不想如此，而仅仅是要把另一个图形作为当前图形的一个样例，或者想观察一下正在绘制的图形与其他图形是否匹配，此时就可通过外部引用（也称 Xref）将其他图形文件放置到当前图形中。

Xref 能使用户方便地在自己的图形中以引用的方式看到其他图样，被引用的图并不成为当前图样的一部分，当前图形中仅记录了外部引用文件的位置和名称。

10.5.1　引用外部图形

命令启动方法

- 菜单命令:【插入】/【DWG 参照】。
- 面板:【插入】选项卡中【参照】面板上的 按钮。
- 命令：ATTACH。

【练习10-10】：　练习 ATTACH 命令。

1. 创建一个新的图形文件。
2. 单击【插入】选项卡中【参照】面板上的 按钮，启动 ATTACH 命令，打开【选择参照文件】对话框。通过此对话框选择附盘文件 "dwg\第 10 章\10-10-A.dwg"，再单击 打开⑩ 按钮，弹出【附着外部参照】对话框，如图 10-39 所示。

图10-39　【附着外部参照】对话框

3. 单击 确定 按钮，再按系统提示指定文件的插入点，移动及缩放图形，结果如图 10-40 所示。

图10-40　插入图形

4. 用与上述相同的方法引用图形文件 "dwg\第 10 章\10-10-B.dwg"，再用 MOVE 命令把两个图形组合在一起，结果如图 10-41 所示。

图10-41　插入并组合图形

【附着外部参照】对话框中各选项的功能如下。

- 【名称】：该列表显示了当前图形中包含的外部参照文件的名称。用户可在列表中直接选取文件，也可单击 浏览(B)... 按钮查找其他参照文件。

- 【附着型】：图形文件 A 嵌套了其他的 Xref，而这些文件是以"附着型"方式被引用的。当新文件引用图形 A 时，用户不仅可以看到图形 A 本身，还能看到图形 A 中嵌套的 Xref。附加方式的 Xref 不能循环嵌套，即如果图形 A 引用了图形 B，而图形 B 又引用了图形 C，则图形 C 不能再引用图形 A。

- 【覆盖型】：图形 A 中有多层嵌套的 Xref，但它们均以"覆盖型"方式被引用。当其他图形引用图形 A 时，就只能看到图形 A 本身，而其包含的任何 Xref 都不会显示出来。覆盖方式的 Xref 可以循环引用，这使设计人员可以灵活地查看其他任何图形文件，而无须为图形之间的嵌套关系而担忧。
- 【插入点】：在此分组框中指定外部参照文件的插入基点，可直接在【X】、【Y】、【Z】文本框中输入插入点坐标，也可选中【在屏幕上指定】复选项，然后在屏幕上指定。
- 【比例】：在此分组框中指定外部参照文件的缩放比例，可直接在【X】、【Y】、【Z】文本框中输入沿这 3 个方向的比例因子，也可选中【在屏幕上指定】复选项，然后在屏幕上指定。
- 【旋转】：确定外部参照文件的旋转角度，可直接在【角度】文本框中输入角度值，也可选中【在屏幕上指定】复选项，然后在屏幕上指定。

10.5.2 更新外部引用

当被引用的图形做了修改后，AutoCAD 并不自动更新当前图样中的 Xref 图形，用户必须重新加载以更新它。

继续前面的练习，下面修改引用图形，然后在当前图形中更新它。

1. 打开附盘文件 "dwg\第 10 章\10-10-A.dwg"，使用 STRETCH 命令将零件下部配合孔的直径尺寸增加 4，保存图形。
2. 切换到新图形文件。单击【插入】选项卡中【参照】面板右下角的 ⬚ 按钮，打开【外部参照】对话框，如图 10-42 所示。在该对话框的文件列表框中选中 "10-10-A.dwg" 文件，单击鼠标右键，选取【重载】命令，以加载外部图形。
3. 重新加载外部图形后，结果如图 10-43 所示。

图10-42　【外部参照】对话框

图10-43　重新加载图形

【外部参照】对话框中常用选项的功能如下。
- ⬚ ▾：单击此按钮，AutoCAD 弹出【选择参照文件】对话框，用户通过该对话框选择要插入的图形文件。
- 【附着】（快捷菜单命令）：选择此命令，AutoCAD 弹出【外部参照】对话框，用户通过此对话框选择要插入的图形文件。

- 【卸载】：暂时移走当前图形中的某个外部参照文件，但在列表框中仍保留该文件的路径。
- 【重载】：在不退出当前图形文件的情况下更新外部引用文件。
- 【拆离】：将某个外部参照文件去除。
- 【绑定】：将外部参照文件永久地插入当前图形中，使之成为当前文件的一部分，详细内容见10.5.3小节。

10.5.3 转化外部引用文件的内容为当前图样的一部分

由于被引用的图形本身并不是当前图形的内容，因此引用图形的命名项目（如图层、文本样式和尺寸标注样式等）都以特有的格式表示出来。Xref的命名项目表示形式为"Xref名称|命名项目"，通过这种方式，AutoCAD将引用文件的命名项目与当前图形的命名项目区别开来。

用户可以把外部引用文件转化为当前图形的内容，转化后Xref就变为图样中的一个图块，另外，也能把引用图形的命名项目（如图层及文字样式等）转变为当前图形的一部分。通过这种方法，用户可以轻易地使所有图纸的图层及文字样式等命名项目保持一致。

在【外部参照】对话框（见图10-42）中，选择要转化的图形文件，然后单击鼠标右键，在弹出的快捷菜单中选取【绑定】命令，打开【绑定外部参照】对话框，如图10-44所示。该对话框中有两个选项，它们的功能如下。

- 【绑定】：选取该单选项时，引用图形的所有命名项目的名称由"参照文件名|命名项目"变为"参照文件名N命名项目"。其中，字母N是可自动增加的整数，以避免与当前图样中的项目名称重复。
- 【插入】：使用该选项类似于先拆离引用文件，然后再以块的形式插入外部文件。当合并外部图形后，命名项目的名称前不加任何前缀。例如，外部引用文件中有图层WALL，当利用【插入】选项转化外部图形时，若当前图形中无WALL层，那么AutoCAD就创建WALL层，否则继续使用原来的WALL层。

在命令行上输入XBIND命令，AutoCAD打开【外部参照绑定】对话框，如图10-45所示。在对话框左边的列表框中选择要添加到当前图形中的项目，然后单击 添加(A) -> 按钮，把命名项加入【绑定定义】列表框中，再单击 确定 按钮完成。

图10-44 【绑定外部参照】对话框

图10-45 【外部参照绑定】对话框

 用户可以通过Xref连接一系列的库文件。如果想要使用库文件中的内容，就用XBIND命令将库文件中的有关项目（如尺寸样式及图块等）转化成当前图样的一部分。

10.6 范例解析——使用外部参照

【练习10-11】：练习使用外部参照的方法，练习内容包括引用外部图形、修改及保存图形、重新加载图形。

1. 打开附盘文件 "dwg\第 10 章\10-11-A.dwg"。
2. 使用 ATTACH 命令引用文件 "dwg\第 10 章\10-11-B.dwg"，再使用 MOVE 命令移动图形，使两个图形 "装配" 在一起，结果如图 10-46 所示。

图10-46　引用外部图形

3. 打开附盘文件 "dwg\第 10 章\10-11-B.dwg"，修改图形，再保存图形，结果如图 10-47 所示。

图10-47　修改并保存图形

4. 切换到文件 "dwg\第 10 章\10-11-A.dwg"，使用 XREF 命令重新加载文件 "dwg\第 10 章\10-11-B.dwg"，结果如图 10-48 所示。

图10-48　重新加载文件

10.7 实训——查询图形信息、块及外部参照练习

【练习10-12】：打开附盘文件 "dwg\第 10 章\10-12.dwg"，如图 10-49 所示，计算该图形的面积及周长。

图10-49　计算图形面积及周长

计算图形面积及周长的主要步骤如图 10-50 所示。

图10-50　计算图形面积及周长的主要步骤

【练习10-13】：打开附盘文件"dwg\第 10 章\10-13.dwg"，如图 10-51 所示。将"计算机"与属性一起创建成图块，然后在图样中插入新生成的图块，并输入属性值。

属性定义如下。

- 标记：姓名及编号。
- 提示：请输入你的姓名及编号。
- 默认：李燕　0001。

图10-51　使用图块及属性

创建及插入带属性图块的主要步骤如图 10-52 所示。

图10-52　使用图块及属性

10.8　习题

1. 打开附盘文件"dwg\第 10 章\10-14.dwg"，如图 10-53 所示。试计算图形面积及外轮廓线的周长。

图10-53　计算图形面积及外轮廓线的周长

2. 下面这个练习的内容包括创建块、插入块及外部引用。

(1) 打开附盘文件 "dwg\第 10 章\10-15-A.dwg"，如图 10-54 所示。将图形定义为图块，块名为 "Block"，插入点在 A 点。

(2) 在当前文件中引用外部文件 "dwg\第 10 章\10-15-B.dwg"，然后插入 "Block" 块，结果如图 10-55 所示。

图10-54　定义图块

图10-55　插入图块

3. 下面这个练习的内容包括引用外部图形、修改及保存图形、重新加载图形。

(1) 打开附盘文件 "dwg\第 10 章\10-16-A.dwg" 和 "10-16-B.dwg"。

(2) 激活文件 "10-16-A.dwg"，用 ATTACH 命令插入文件 "10-16-B.dwg"，再用 MOVE 命令移动图形，使两个图形 "装配" 在一起，结果如图 10-56 所示。

(3) 激活文件 "10-16-B.dwg"，如图 10-57 左图所示。用 STRETCH 命令调整上、下两孔的位置，使两孔间距离增加 40，结果如图 10-57 右图所示。

图10-56　引用外部图形

图10-57　调整孔的位置

(4) 保存文件 "10-16-B.dwg"。

(5) 激活文件 "10-16-A.dwg"，用 XREF 命令重新加载文件 "10-16-B.dwg"，结果如图 10-58 所示。

图10-58　重新加载外部文件

第11章　打印图形

【学习目标】
- 输出图形的完整过程。
- 选择打印设备，对当前打印设备的设置进行简单修改。
- 选择图纸幅面和设定打印区域。
- 调整打印方向、位置和设定打印比例。
- 打印样式基本概念。
- 将小幅面图纸组合成大幅面图纸进行打印。

通过学习本章，读者可以掌握从模型空间打印图形的方法，并学会将多张图纸布置在一起打印的技巧。

11.1　功能讲解——了解打印过程及设置打印参数

本节主要介绍打印图形的过程和打印参数的设置等。

11.1.1　打印图形的过程

在模型空间中将工程图样布置在标准幅面的图框内，再标注尺寸及书写文字后，就可以输出图形了。输出图形的主要过程如下。

(1) 指定打印设备，打印设备可以是 Windows 系统打印机也可以是在 AutoCAD 中安装的打印机。

(2) 选择图纸幅面及打印份数。

(3) 设定要输出的内容。例如，可指定将某一矩形区域的内容输出，或是将包围所有图形的最大矩形区域输出。

(4) 调整图形在图纸上的位置及方向。

(5) 选择打印样式，详见 11.1.3 小节。若不指定打印样式，则按对象原有属性进行打印。

(6) 设定打印比例。

(7) 预览打印效果。

【练习11-1】：从模型空间打印图形。

1. 打开附盘文件 "dwg\第 11 章\11-1.dwg"。

2. 单击【输出】选项卡中【打印】面板上的 ▣ 绘图仪管理器 按钮，打开【Plotters】窗口，利用该窗口的 "添加绘图仪向导" 配置一台绘图仪 "DesignJet 450C C4716A"。

3. 单击【打印】面板上的 🖨 按钮，打开【打印】对话框，如图 11-1 所示。在该对话框中完成以下设置。

图11-1 【打印】对话框

(1) 在【打印机/绘图仪】分组框的【名称】下拉列表中选择打印设备"DesignJet 450C C4716A"。

(2) 在【图纸尺寸】下拉列表中选择 A2 幅面图纸。

(3) 在【打印份数】分组框的文本框中输入打印份数。

(4) 在【打印范围】下拉列表中选择【范围】选项。

(5) 在【打印比例】分组框中设置打印比例为【1:5】。

(6) 在【打印偏移】分组框中指定打印原点为（80,40）。

(7) 在【图形方向】分组框中设定图形打印方向为"横向"。

(8) 在【打印样式表】分组框的下拉列表中选择打印样式【monochrome.ctb】（将所有颜色打印为黑色）。

4. 单击 预览(P)… 按钮，预览打印效果，如图 11-2 所示。若满意，单击 按钮开始打印。否则，按 Esc 键返回【打印】对话框，重新设定打印参数。

图11-2 打印预览

11.1.2 选择打印设备

在【打印机/绘图仪】的【名称】下拉列表中，用户可选择 Windows 系统打印机或 AutoCAD 内部打印机（".pc3"文件）作为输出设备。请读者注意，这两种打印机名称前的图标是不一样的。当用户选定某种打印机后，【名称】下拉列表下面将显示被选中设备的名称、连接端口以及其他有关打印机的注释信息。

如果用户想修改当前打印机设置，可单击 特性(R)... 按钮，打开【绘图仪配置编辑器】对话框，如图 11-3 所示。在该对话框中用户可以重新设定打印机端口及其他输出设置，如打印介质、图形、物理笔配置、自定义特性、校准及自定义图纸尺寸等。

图11-3 【绘图仪配置编辑器】对话框

【绘图仪配置编辑器】对话框包含【常规】、【端口】和【设备和文档设置】3 个选项卡，各选项卡的功能如下。

- 【常规】：该选项卡包含了打印机配置文件（".pc3"文件）的基本信息，如配置文件名称、驱动程序信息和打印机端口等。用户可在此选项卡的【说明】文本框中加入其他注释信息。
- 【端口】：通过此选项卡用户可修改打印机与计算机的连接设置，如选定打印端口、指定打印到文件和后台打印等。
- 【设备和文档设置】：在该选项卡中用户可以指定图纸来源、尺寸和类型，并能修改颜色深度及打印分辨率等。

11.1.3 使用打印样式

在【打印】对话框【打印样式表】分组框的【名称】下拉列表中选择打印样式，如图 11-4 所示。打印样式是对象的一种特性，如同颜色和线型一样，它用于修改打印图形的外观。若为某个对象选择了一种打印样式，则输出图形后，对象的外观由样式决定。AutoCAD 提供了几百种打印样式，并将其组合成一系列打印样式表。

打印样式表有以下两种类型。

- 颜色相关打印样式表：颜色相关打印样式表以 ".ctb" 为文件扩展名保存。该表以对象颜色为基础，共包含 255 种打印样式，每种 ACI 颜色对应一个打印样式，样式名分别为 "颜色 1"、"颜色 2" 等。用户不能添加或删除颜色相关打印样式，也不能改变它们的名称。若当前图形文件与颜色相关打印样式表相连，则系统自动根据对象的颜色分配打印样式。用户不能选择其他打印样式，但可以对已分配的样式进行修改。
- 命名相关打印样式表：命名相关打印样式表以 ".stb" 为文件扩展名保存。该表包括一系列已命名的打印样式，用户可修改打印样式的设置及其名称，还可添加新的样式。若当前图形文件与命名相关打印样式表相连，则用户可以不考虑对象颜色，直接给对象指定样式表中的任意一种打印样式。

在【名称】下拉列表中包含了当前图形中的所有打印样式表，用户可选择其中之一。用户若要修改打印样式，就单击此下拉列表右边的 按钮，打开【打印样式表编辑器】对话框，利用该对话框可查看或改变当前打印样式表中的参数。

> **要点提示**　选取菜单命令【文件】/【打印样式管理器】，打开 "Plot Styles" 窗口。该窗口中包含打印样式文件及创建新打印样式的快捷方式，单击此快捷方式就能创建新打印样式。

AutoCAD 新建的图形处于 "颜色相关" 模式或 "命名相关" 模式下，这和创建图形时选择的样板文件有关。若是采用无样板方式新建图形，则可事先设定新图形的打印样式模式。发出 OPTIONS 命令，系统打开【选项】对话框，进入【打印和发布】选项卡，再单击 打印样式表设置(S)... 按钮，打开【打印样式表设置】对话框，如图 11-5 所示，通过该对话框设置新图形的默认打印样式模式。当选择【使用命名打印样式】并指定打印样式表后，还可从样式表中选取对象或图层 0 所采用的默认打印样式。

图11-4　使用打印样式　　　　图11-5　【打印样式表设置】对话框

11.1.4　选择图纸幅面

在【打印】对话框的【图纸尺寸】分组框的下拉列表中指定图纸大小，如图 11-6 所示。【图纸尺寸】下拉列表中包含了选定打印设备可用的标准图纸尺寸。当选择某种幅面图纸时，该列表右上角出现所选图纸及实际打印范围的预览图像（打印范围用阴影表示出来，可在【打印区域】分组框中设定）。将鼠标光标移到图像上面，在鼠标光标位置处就显示出精确的图纸尺寸及图纸上可打印区域的尺寸。

图11-6 【图纸尺寸】下拉列表

除了从【图纸尺寸】下拉列表中选择标准图纸外，用户也可以创建自定义的图纸。此时，用户需修改所选打印设备的配置。

【练习11-2】：创建自定义图纸。

1. 在【打印】对话框的【打印机/绘图仪】分组框中单击 特性(R)... 按钮，打开【绘图仪配置编辑器】对话框，在【设备和文档设置】选项卡中选择【自定义图纸尺寸】选项，如图 11-7 所示。

图11-7 【绘图仪配置编辑器】对话框

2. 单击 添加(A)... 按钮，打开【自定义图纸尺寸】对话框，如图 11-8 所示。

3. 不断单击 下一步(N) > 按钮，并根据系统提示设置图纸参数，最后单击 完成(F) 按钮结束。

图11-8 【自定义图纸尺寸】对话框

4. 返回【打印】对话框，AutoCAD 将在【图纸尺寸】下拉列表中显示自定义的图纸尺寸。

11.1.5　设定打印区域

在【打印】对话框的【打印区域】分组框中设置要输出的图形范围，如图 11-9 所示。

该分组框的【打印范围】下拉列表中包含 4 个选项，用户可利用图 11-10 所示的图样了解它们的功能。

图11-9　【打印区域】分组框中的选项　　　　　　　图11-10　设置打印区域

> **要点提示**　在【草图设置】对话框中取消对【自适应栅格】和【显示超出界限的栅格】复选项的选择，才出现图 11-10 所示的栅格。

- 【图形界限】：从模型空间打印时，【打印范围】下拉列表将列出【图形界限】选项。选取该选项，系统就把设定的图形界限范围（用 LIMITS 命令设置图形界限）打印在图纸上，结果如图 11-11 所示。

图11-11　应用【图形界限】选项

从图纸空间打印时，【打印范围】下拉列表将列出【布局】选项。选取该选项，系统将打印虚拟图纸可打印区域内的所有内容。

- 【范围】：打印图样中的所有图形对象，结果如图 11-12 所示。

图11-12　应用【范围】选项

- 　【显示】：打印整个图形窗口，打印结果如图 11-13 所示。

图11-13　应用【显示】选项

- 　【窗口】：打印用户自己设定的区域。选择此选项后，系统提示指定打印区域的两个角点，同时在【打印】对话框中显示 窗口(0)< 按钮，单击此按钮，可重新设定打印区域。

11.1.6　设定打印比例

在【打印】对话框的【打印比例】分组框中设置出图比例，如图 11-14 所示。绘制阶段用户根据实物按 1:1 比例绘图，出图阶段需依据图纸尺寸确定打印比例，该比例是图纸尺寸单位与图形单位的比值。当测量单位是毫米，打印比例设定为 1:2 时，表示图纸上的 1mm 代表两个图形单位。

图11-14　【打印比例】分组框中的选项

【比例】下拉列表包含了一系列标准缩放比例值。此外，还有【自定义】选项，该选项使用户可以自己指定打印比例。

从模型空间打印时，【打印比例】的默认设置是【布满图纸】。此时，系统将缩放图形以充满所选定的图纸。

11.1.7　设定着色打印

"着色打印"用于指定着色图及渲染图的打印方式，并可设定它们的分辨率。在【打印】对话框的【着色视口选项】分组框中设置着色打印方式，如图 11-15 所示。

图11-15　设定着色打印

【着色视口选项】分组框中包含以下 3 个选项。

一、　【着色打印】下拉列表

该下拉列表中的选项分为 3 组：按传统方式打印、按视觉样式打印及按渲染质量打印。

(1)　按传统方式打印。

- 【按显示】：按对象在屏幕上的显示进行打印，打印结果如图 11-16 所示。
- 【传统线框】：按"线框"方式打印对象，不考虑其在屏幕上的显示方式，打印结果如图 11-16 所示。
- 【传统隐藏】：按"二维线框"方式打印对象并消除隐藏线，不考虑其在屏幕上的显示方式，打印结果如图 11-17 所示。

图11-16　使用"按显示"及"传统线框"选项

图11-17　使用"传统隐藏"选项

(2)　按视觉样式打印，主要选项如下。

- 【概念】：按"概念"视觉样式打印对象，不考虑其在屏幕上的显示方式。
- 【隐藏】：按"线框"方式打印对象并消除隐藏线，不考虑其在屏幕上的显示情况，打印结果如图 11-18 所示。
- 【真实】：按"真实"视觉样式打印对象，不考虑其在屏幕上的显示方式。

图11-18 使用"隐藏"选项

(3) 按渲染质量打印。

- 【渲染】：按"渲染"方式打印对象，不考虑其在屏幕上的显示方式。
- 【草稿】：使用"草稿"渲染预设打印对象，从而以最快的渲染速度生成质量非常低的渲染。
- 【低】、【中】及【高】：分别使用"低"、"中"及"高"渲染预设打印对象。使用"低"选项时，生成质量高于"草稿"的渲染；使用"中"选项，可获得质量和渲染速度之间的良好平衡。
- 【演示】：打印对象时使用适用于真实照片渲染图像的"演示"渲染预设，处理时间最长。

二、 【质量】下拉列表

- 【草稿】：将渲染及着色图按线框方式打印。
- 【预览】：将渲染及着色图的打印分辨率设置为当前设备分辨率的1/4，DPI的最大值为"150"。
- 【常规】：将渲染及着色图的打印分辨率设置为当前设备分辨率的1/2，DPI的最大值为"300"。
- 【演示】：将渲染及着色图的打印分辨率设置为当前设备的分辨率，DPI的最大值为"600"。
- 【最高】：将渲染及着色图的打印分辨率设置为当前设备的分辨率。
- 【自定义】：将渲染及着色图的打印分辨率设置为【DPI】文本框中用户指定的分辨率，最大可为当前设备的分辨率。

三、 【DPI】文本框

设定打印图像时每英寸的点数，最大值为当前打印设备分辨率的最大值。只有当【质量】下拉列表中选择了【自定义】选项后，此文本框才可用。

11.1.8 调整图形打印方向和位置

图形在图纸上的打印方向通过【图形方向】分组框中的选项调整，如图 11-19 所示。该分组框包含一个图标，此图标表明图纸的放置方向，图标中的字母代表图形在图纸上的打印方向。

【图形方向】包含以下 3 个选项。

- 【纵向】：图形在图纸上的放置方向是水平的。

- 【横向】: 图形在图纸上的放置方向是竖直的。
- 【上下颠倒打印】: 使图形上下颠倒打印，此选项可与【纵向】和【横向】结合使用。

图形在图纸上的打印位置由【打印偏移】分组框中的选项确定，如图 11-20 所示。默认情况下，AutoCAD 从图纸左下角打印图形。打印原点处在图纸左下角位置，坐标是（0,0），用户可在【打印偏移】分组框中设定新的打印原点，这样图形在图纸上将沿 x 轴和 y 轴移动。

图11-19　【图形方向】分组框中的选项

图11-20　【打印偏移】分组框中的选项

该分组框包含以下 3 个选项。

- 【居中打印】: 在图纸正中间打印图形（自动计算 x 和 y 的偏移值）。
- 【X】: 指定打印原点在 x 方向的偏移值。
- 【Y】: 指定打印原点在 y 方向的偏移值。

> 要点提示　如果用户不能确定打印机如何确定原点，可试着改变一下打印原点的位置并预览打印结果，然后根据图形的移动距离推测原点位置。

11.1.9　预览打印效果

打印参数设置完成后，用户可通过打印预览观察图形的打印效果。如果不合适可重新调整，以免浪费图纸。

单击【打印】对话框下面的 预览(P)... 按钮，AutoCAD 显示实际的打印效果。由于系统要重新生成图形，因此对于复杂图形需耗费较多时间。

预览时，鼠标光标变成"🔍"形状，此时可以进行实时缩放操作。查看完毕后，按 Esc 或 Enter 键，返回【打印】对话框。

11.1.10　保存打印设置

用户选择打印设备并设置打印参数（图纸幅面、比例和方向等）后，可以将所有这些保存在页面设置中，以便以后使用。

在【打印】对话框【页面设置】分组框的【名称】下拉列表中显示了所有已命名的页面设置。若要保存当前页面设置，就单击该列表右边的 添加(.)... 按钮，打开【添加页面设置】对话框，如图 11-21 所示。在该对话框的【新页面设置名】文本框中输入页面名称，然后单击 确定(O) 按钮，存储页面设置。

用户也可以从其他图形中输入已定义的页面设置。在【页面设置】分组框的【名称】下拉列表中选取【输入】选项，打开【从文件选择页面设置】对话框，选择并打开所需的图形文件，打开【输入页面设置】对话框，如图 11-22 所示。该对话框显示图形文件中包含的页面设置，选择其中之一，单击 确定(O) 按钮完成。

图11-21　【添加页面设置】对话框　　　　　　　　图11-22　【输入页面设置】对话框

11.2　范例解析

本节主要通过两个实例来学习打印单张图纸和将多张图纸布置在一起打印的方法。

11.2.1　打印单张图纸

前面介绍了许多有关打印方面的知识，下面通过一个实例来演示打印单张图纸的全过程。

【练习11-3】：打印图形。

1. 打开附盘文件"dwg\第 11 章\11-3.dwg"。

2. 单击【打印】面板上的 ⎙ 按钮，打开【打印】对话框，如图 11-23 所示。

图11-23　【打印】对话框

3. 如果想使用以前创建的页面设置，就在【页面设置】分组框的【名称】下拉列表中选择它。

4. 在【打印机/绘图仪】分组框的【名称】下拉列表中指定打印设备。若要修改打印机特性，可单击下拉列表右边的 特性(R)... 按钮，打开【绘图仪配置编辑器】对话框。通过该对话框用户可修改打印机端口和介质类型，还可自定义图纸大小。

5. 在【打印份数】分组框的文本框中输入打印份数。

6. 如果要将图形输出到文件，则应在【打印机/绘图仪】分组框中选择【打印到文件】选项。此后，每当用户单击【打印】对话框的 确定 按钮时，AutoCAD 就打开【浏览打印文件】对话框，用户通过该对话框指定输出文件的名称及地址。

7. 继续在【打印】对话框中做以下设置。

(1) 在【图纸尺寸】下拉列表中选择 A3 图纸。

(2) 在【打印范围】下拉列表中选择【范围】选项。

(3) 设定打印比例为"1:1.5"。

(4) 设定图形打印方向为【横向】。

(5) 指定打印原点为【居中打印】。

(6) 在【打印样式表】分组框的下拉列表中选择打印样式【monochrome.ctb】（将所有颜色打印为黑色）。

8. 单击 预览(P)... 按钮，预览打印效果，如图 11-24 所示。若满意，按 Esc 键返回【打印】对话框，再单击 确定 按钮开始打印。

图11-24　预览打印效果

11.2.2　将多张图纸布置在一起打印

为了节省图纸，用户常常需要将几个图样布置在一起打印，具体方法如下。

【练习11-4】：附盘文件"dwg\第 11 章\11-4-A.dwg"和"11-4-B.dwg"都采用 A2 幅面图纸，绘图比例分别为（1:3）、（1:4），现将它们布置在一起输出到 A1 幅面的图纸上。

1. 创建一个新文件。

2. 选取菜单命令【插入】/【DWG 参照】，打开【选择参照文件】对话框，找到图形文件

"11-4-A.dwg"，单击 打开(Q) 按钮，打开【附着外部参照】对话框，利用该对话框插入图形文件，插入时的缩放比例为 1:1。

3. 使用 SCALE 命令缩放图形，缩放比例为 1:3（图样的绘图比例）。

4. 使用与步骤 2、3 相同的方法插入文件 "11-4-B.dwg"，插入时的缩放比例为 1:1。插入图样后，使用 SCALE 命令缩放图形，缩放比例为 1:4。

5. 使用 MOVE 命令调整图样位置，让其组成 A1 幅面图纸，如图 11-25 所示。

图11-25　组成 A1 幅面图纸

6. 单击【打印】面板上的 按钮，打开【打印】对话框，如图 11-26 所示。在该对话框中做以下设置。

图11-26　【打印】对话框

(1) 在【打印机/绘图仪】分组框的【名称】下拉列表中选择打印设备【DesignJet 450C C4716A】。

(2) 在【图纸尺寸】下拉列表中选择 A1 幅面图纸。

(3) 在【打印样式表】分组框的下拉列表中选择打印样式【monochrome.ctb】（将所有颜色打印为黑色）。

(4) 在【打印范围】下拉列表中选取【范围】选项。

(5) 在【打印比例】分组框中选取【布满图纸】复选项。

(6) 在【图形方向】分组框中选取【纵向】单选项。

7. 单击 预览(P)... 按钮，预览打印效果，如图 11-27 所示。若满意，单击 按钮开始打印。

图11-27　打印预览

11.3　习题

1. 打印图形时，一般应设置哪些打印参数？如何设置？

2. 打印图形的主要过程是什么？

3. 当设置完打印参数后，应如何保存以便再次使用？

4. 从模型空间出图时，怎样将不同绘图比例的图纸放在一起打印？

5. 有哪两种类型的打印样式？它们的作用是什么？

第12章 三维建模

【学习目标】
- 观察三维模型。
- 创建长方体、球体及圆柱体等基本立体。
- 拉伸或旋转二维对象，形成三维实体及曲面。
- 通过扫掠及放样形成三维实体或曲面。
- 使用用户坐标系。
- 利用布尔运算构建复杂模型。

通过学习本章，读者可以掌握创建三维模型的主要命令，并了解利用布尔运算构建复杂模型的方法。

12.1 功能讲解——三维建模基础

本节主要内容包括观察三维模型、创建三维实体或曲面的方法、用户坐标系及利用布尔运算构建复杂模型等。

12.1.1 三维建模空间

创建三维模型时，可切换至 AutoCAD 三维工作空间。打开快速访问工具栏上的【工作空间】下拉列表，或单击状态栏上的 ✿ 按钮，弹出快捷菜单，选择【三维建模】命令，就切换至该空间。默认情况下，三维建模空间包含【建模】面板、【网格】面板、【实体编辑】面板及【视图】面板等，如图 12-1 所示。这些面板及工具选项板的功能如下。

图12-1 三维建模空间

- 【建模】面板：包含创建基本立体、回转体及其他曲面立体等的命令按钮。
- 【网格】面板：利用该面板中的命令按钮可将实体或曲面转化为网格对象，提高或降低网格的平滑度。
- 【实体编辑】面板：利用该面板中的命令按钮可对实体表面进行拉伸、旋转等操作。
- 【视图】面板：通过该面板中的命令按钮可设定观察模型的方向，形成不同的模型视图。

12.1.2　用标准视点观察模型

任何三维模型都可以从任意一个方向观察。进入三维建模空间，该空间【常用】选项卡中【视图】面板上的【视图控制】下拉列表提供了 10 种标准视点，如图 12-2 所示。通过这些视点就能获得 3D 对象的 10 种视图，如前视图、后视图、左视图及东南轴测图等。

图12-2　标准视点

【练习12-1】：　利用标准视点观察图 12-3 所示的三维模型。

图12-3　利用标准视点观察模型

1. 打开附盘文件 "dwg\第 12 章\12-1.dwg"，如图 12-3 所示。
2. 从【视图】面板上的【视图控制】下拉列表中选择【前视】选项，然后发出消隐命令 HIDE，结果如图 12-4 所示，此图是三维模型的前视图。

图12-4　前视图

3. 选择【视图控制】下拉列表的【左视】选项，然后发出消隐命令 HIDE，结果如图 12-5 所示，此图是三维模型的左视图。

4. 选择【视图控制】下拉列表的【东南等轴测】选项，然后发出消隐命令 HIDE，结果如图 12-6 所示，此图是三维模型的东南轴测视图。

图12-5　左视图

图12-6　东南轴测视图

12.1.3　三维动态旋转

单击导航栏上的 按钮，启动三维动态旋转命令（3DFORBIT），此时，用户可通过单击并拖动鼠标的方法来改变观察方向，从而能够非常方便地获得不同方向的 3D 视图。使用此命令时，可以选择观察全部的对象或是模型中的一部分对象，AutoCAD 围绕待观察的对象形成一个辅助圆，该圆被 4 个小圆分成 4 等份，如图 12-7 所示。辅助圆的圆心是观察目标点，当用户按住鼠标左键并拖动鼠标光标时，待观察的对象的观察目标点静止不动，而视点绕着 3D 对象旋转，显示结果是视图在不断地转动。

图12-7　三维动态旋转

当用户想观察整个模型的部分对象时，应先选择这些对象，然后启动 3DFORBIT 命令。此时，仅所选对象显示在屏幕上。若其没有处在动态观察器的大圆内，就单击鼠标右键，选取【范围缩放】命令。

命令启动方法

- 菜单命令:【视图】/【动态观察】/【自由动态观察】。
- 命令: 3DFORBIT。

启动 3DFORBIT 命令，AutoCAD 窗口中就出现一个大圆和 4 个均布的小圆，如图 12-7 所示。当鼠标光标移至圆的不同位置时，其形状将发生变化，不同形状的鼠标光标表明了当前视图的旋转方向。

一、　球形光标 ⊕

鼠标光标位于辅助圆内时，就变为这种形状，此时可假想一个球体将目标对象包裹起来。单击并拖动鼠标光标，就使球体沿鼠标光标拖动的方向旋转，因而模型视图也就旋转起来。

二、 圆形光标 ⊙

移动鼠标光标到辅助圆外，鼠标光标就变为这种形状，按住鼠标左键并将鼠标光标沿辅助圆拖动，就使 3D 视图旋转，旋转轴垂直于屏幕并通过辅助圆心。

三、 水平椭圆形光标 ⊕

当把鼠标光标移动到左、右小圆的位置时，其形状就变为水平椭圆。单击并拖动鼠标光标就使视图绕着一个铅垂轴线转动，此旋转轴线经过辅助圆心。

四、 竖直椭圆形光标 ⊖

将鼠标光标移动到上、下两个小圆的位置时，鼠标光标就变为该形状。单击并拖动鼠标光标将使视图绕着一个水平轴线转动，此旋转轴线经过辅助圆心。

当 3DFORBIT 命令激活时，单击鼠标右键，弹出快捷菜单，如图 12-8 所示。

图12-8 快捷菜单

此菜单中常用命令的功能如下。

(1) 【其他导航模式】：选择三维视图的观察模式，对三维视图执行平移和缩放等操作。

- 【受约束的动态观察】：启动 3DORBIT 命令，也可进入受约束的动态观察模式，在该模式下将动态观察约束到 xy 平面或 z 方向。如果水平拖动鼠标光标，视点将平行于世界坐标系（WCS）的 xy 平面移动。如果垂直拖动鼠标光标，视点将沿 z 轴移动。

- 【连续动态观察】：启动 3DCORBIT 命令，也可进入连续动态观察模式，鼠标光标变为 ⊗ 形状。在绘图区域中单击并沿任意方向拖动鼠标光标，使对象沿正在拖动的方向开始转动。释放鼠标光标，对象在原方向上继续转动，再次单击鼠标左键停止转动。

(2) 【平行模式】：激活平行投影模式。

(3) 【透视模式】：激活透视投影模式，透视图与眼睛观察到的图像极为接近。

(4) 【重置视图】：将当前的视图恢复到激活 3DFORBIT 命令时的视图。

(5) 【预设视图】：该选项提供了常用的标准视图，如前视图、左视图等。

(6) 【视觉样式】：详见 12.1.4 小节。

12.1.4 视觉样式

视觉样式用于改变模型在视口中的显示外观，它是一组控制模型显示方式的设置，这些设置包括面设置、环境设置及边设置等。面设置控制视口中面的外观，环境设置控制阴影和背景，边设置控制如何显示边。当选中一种视觉样式时，AutoCAD 在视口中按样式规定的形式显示模型。

AutoCAD 提供了 10 种默认视觉样式，可在【视图】面板的【视觉样式】下拉列表中进行选择，如图 12-9 所示。

图12-9　【视觉样式】下拉列表

常用的视觉样式如下。

- 【二维线框】：通过使用直线和曲线表示边界的方式显示对象，如图 12-10 所示。
- 【概念】：着色对象，效果缺乏真实感，但可以清晰地显示模型细节，如图 12-10 所示。
- 【隐藏】：用三维线框表示模型并隐藏不可见线条，如图 12-10 所示。
- 【真实】：对模型表面进行着色，显示已附着于对象的材质，如图 12-10 所示。
- 【着色】：将对象平面着色，着色的表面较光滑，如图 12-10 所示。
- 【带边缘着色】：用平滑着色和可见边显示对象，如图 12-10 所示。
- 【灰度】：用平滑着色和单色灰度显示对象，如图 12-10 所示。
- 【勾画】：用线延伸和抖动边修改器显示手绘效果的对象，如图 12-10 所示。
- 【线框】：用直线和曲线表示模型，如图 12-10 所示。
- 【X 射线】：以局部透明度显示对象，如图 12-10 所示。

图12-10　视觉样式

12.1.5　创建三维基本立体

AutoCAD 能生成长方体、球体、圆柱体、圆锥体、楔形体及圆环体等基本立体。【建模】面板中包含了创建这些立体的命令按钮，表 12-1 列出了这些按钮的功能及操作时要输入的主要参数。

表 12-1　　　　　　　　　　　　　　　　创建基本立体的命令按钮

按钮	功能	输入参数
长方体	创建长方体	指定长方体的一个角点，再输入另一角点的相对坐标
球体	创建球体	指定球心，输入球半径
圆柱体	创建圆柱体	指定圆柱体底面的中心点，输入圆柱体半径及高度
圆锥体	创建圆锥体及圆锥台	指定圆锥体底面的中心点，输入锥体底面半径及锥体高度 指定圆锥台底面的中心点，输入锥台底面半径、顶面半径及锥台高度
楔体	创建楔形体	指定楔形体的一个角点，再输入另一对角点的相对坐标
圆环体	创建圆环	指定圆环中心点，输入圆环体半径及圆管半径
棱锥体	创建棱锥体及棱锥台	指定棱锥体底面边数及中心点，输入棱锥底面半径及锥体高度 指定棱锥台底面边数及中心点，输入棱锥台底面半径、顶面半径及棱锥台高度

创建长方体或其他基本立体时，也可通过单击一点设定参数的方式进行绘制。当 AutoCAD 提示输入相关数据时，用户移动鼠标光标到适当位置，然后单击一点，在此过程中，立体的外观将显示出来，便于用户初步确定立体形状。绘制完成后，可用 PROPERTIES 命令显示立体尺寸，并可对其进行修改。

【练习12-2】：创建长方体及圆柱体。

1. 进入三维建模工作空间。打开【视图】面板上的【视图控制】下拉列表，选择【东南等轴测】选项，切换到东南等轴测视图。再通过【视图】选项卡中【视觉样式】面板上的【视觉样式】下拉列表设定当前模型显示方式为"二维线框"。

2. 单击【建模】面板上的 长方体 按钮，AutoCAD 提示如下。

        命令：_box
        指定第一个角点或 [中心(C)]：　　　　　　　　//指定长方体角点 A，如图 12-11 左图所示
        指定其他角点或 [立方体(C)/长度(L)]：@100,200,300
                                        //输入另一角点 B 的相对坐标

    单击【建模】面板上的 圆柱体 按钮，AutoCAD 提示如下。

        命令：_cylinder
        指定底面的中心点或 [三点(3P)/两点(2P)/切点、切点、半径(T)/椭圆(E)]：
                                        //指定圆柱体底圆中心，如图 12-11 右图所示
        指定底面半径或 [直径(D)] <80.0000>：80　　　　//输入圆柱体半径
        指定高度或 [两点(2P)/轴端点(A)] <300.0000>：300　　//输入圆柱体高度
    结果如图 12-11 所示。

3. 改变实体表面网格线的密度。

命令: isolines

输入 ISOLINES 的新值 <4>: 40   //设置实体表面网格线的数量,详见 12.1.13 小节

选择菜单命令【视图】/【重生成】,重新生成模型,实体表面网格线变得更加密集。

4. 控制实体消隐后表面网格线的密度。

命令: facetres

输入 FACETRES 的新值 <0.5000>: 5//设置实体消隐后的网格线密度,详见 12.1.13 小节

启动 HIDE 命令,结果如图 12-11 所示。

图12-11   创建长方体及圆柱体

12.1.6   将二维对象拉伸成实体或曲面

EXTRUDE 命令可以拉伸二维对象生成 3D 实体或曲面,若拉伸闭合对象,则生成实体,否则生成曲面。操作时,可指定拉伸高度值及拉伸对象的锥角,还可沿某一直线或曲线路径进行拉伸。

EXTRUDE 命令能拉伸的对象及路径如表 12-2 所示。

表 12-2   拉伸对象及路径

拉伸对象	拉伸路径
直线、圆弧、椭圆弧	直线、圆弧、椭圆弧
二维多段线	二维及三维多段线
二维样条曲线	二维及三维样条曲线
面域	螺旋线
实体上的平面	实体及曲面的边

  实体的面、边及顶点是实体的子对象,按住 Ctrl 键就能选择这些子对象。

命令启动方法

- 菜单命令:【绘图】/【建模】/【拉伸】。
- 面板:【建模】面板上的 按钮。
- 命令: EXTRUDE 或简写 EXT。

【练习12-3】:   练习 EXTRUDE 命令。

1. 打开附盘文件 "dwg\第 12 章\12-3.dwg",使用 EXTRUDE 命令创建实体。

2. 将图形 A 创建成面域,再使用 PEDIT 命令将连续线 B 编辑成一条多段线,如图 12-12

左图所示。

3. 使用 EXTRUDE 命令拉伸面域及多段线，形成实体和曲面。进入三维建模空间，单击【建模】面板上的 按钮，启动 EXTRUDE 命令。

命令: _extrude

选择要拉伸的对象或 [模式(MO)]: 找到 1 个　　　　　　　　//选择面域

选择要拉伸的对象或 [模式(MO)]:　　　　　　　　　　　//按 Enter 键

指定拉伸的高度或 [方向(D)/路径(P)/倾斜角(T)/表达式(E)] <262.2213>: 260

　　　　　　　　　　　　　　　　　　　　　　　　　　//输入拉伸高度

命令:EXTRUDE　　　　　　　　　　　　　　　　　　//重复命令

选择要拉伸的对象或 [模式(MO)]: 找到 1 个　　　　　　　　//选择多段线

选择要拉伸的对象或 [模式(MO)]:　　　　　　　　　　　//按 Enter 键

指定拉伸的高度或 [方向(D)/路径(P)/倾斜角(T)/表达式(E)] <260.0000>: p

　　　　　　　　　　　　　　　　　　　　　　　　　　//使用 "路径(P)" 选项

选择拉伸路径或 [倾斜角]:　　　　　　　　　　　　　　//选择样条曲线 C

结果如图 12-12 右图所示。

图12-12　拉伸面域及多段线

 系统变量 SURFU 和 SURFV 用于控制曲面上素线的密度。选中曲面，启动 PROPERTIES 命令，该命令将列出这两个系统变量的值，修改它们，曲面上素线的数量就发生变化。

EXTRUDE 命令各选项的功能如下。

- 模式(MO): 设置将对象拉伸为实体还是曲面。
- 指定拉伸的高度: 如果输入正的拉伸高度，则使对象沿 z 轴正向拉伸。若输入负值，则使对象沿 z 轴负向拉伸。当对象不在坐标系 xy 平面内时，将沿该对象所在平面的法线方向拉伸对象。
- 方向(D): 指定两点，两点的连线表明了拉伸的方向和距离。
- 路径(P): 沿指定路径拉伸对象，形成实体或曲面。拉伸时，路径被移动到轮廓的形心位置。路径不能与拉伸对象在同一个平面内，也不能具有较大曲率的区域，否则，有可能在拉伸过程中产生自相交的情况。
- 倾斜角(T): 当 AutoCAD 提示 "指定拉伸的倾斜角度<0>:" 时，输入正的拉伸倾角表示从基准对象逐渐变细地拉伸，而负角度值则表示从基准对象逐渐变粗地拉伸，如图 12-13 所示。用户要注意拉伸斜角不能太大，若拉伸实体截面在到达拉伸高度前已经变成一个点，那么 AutoCAD 将提示不能进行拉伸。

拉伸斜角为5°　　　　　　拉伸斜角为-5°

图12-13　指定拉伸斜角

- 表达式(E): 通过公式或方程式来计算拉伸

高度。

12.1.7 旋转二维对象形成实体或曲面

REVOLVE 命令可以用于旋转二维对象生成 3D 实体，若二维对象是闭合的，则生成实体，否则生成曲面。用户通过选择直线，指定两点或 x、y 轴来确定旋转轴。

REVOLVE 命令可以旋转以下二维对象。

- 直线、圆弧和椭圆弧。
- 二维多段线和二维样条曲线。
- 面域和实体上的平面。

命令启动方法

- 菜单命令：【绘图】/【建模】/【旋转】。
- 面板：【建模】面板上的 按钮。
- 命令：REVOLVE 或简写 REV。

【练习12-4】：练习 REVOLVE 命令。

打开附盘文件 "dwg\第 12 章\12-4.dwg"，使用 REVOLVE 命令创建实体。进入三维建模空间，单击【建模】面板上的 按钮，启动 REVOLVE 命令。

```
命令：_revolve
选择要旋转的对象或 [模式(MO)]：找到 1 个
                              //选择要旋转的对象，该对象是面域，如图 12-14 左图所示
选择要旋转的对象或 [模式(MO)]：                    //按 Enter 键
指定轴起点或根据以下选项之一定义轴 [对象(O)/X/Y/Z] <对象>：    //捕捉端点 A
指定轴端点：                                      //捕捉端点 B
指定旋转角度或 [起点角度(ST)/反转(R)/表达式(EX)] <360>：st
                                            //使用"起点角度(ST)"选项
指定起点角度 <0.0>：-30                        //输入回转起始角度
指定旋转角度 <360>：210                        //输入回转角度
```

再启动 HIDE 命令，结果如图 12-14 右图所示。

图12-14 旋转面域形成实体

 若拾取两点指定旋转轴，则轴的正向是从第一点指向第二点，旋转角的正方向按右手螺旋法则确定。

REVOLVE 命令各选项的功能如下。

- 对象(O)：选择直线或实体的线性边作为旋转轴，轴的正方向是从拾取点指向最远端点。
- X、Y、Z：使用当前坐标系的 x、y、z 轴作为旋转轴。

- 起点角度(ST): 指定旋转起始位置与旋转对象所在平面的夹角, 角度的正向以右手螺旋法则确定。
- 反转(R): 更改旋转方向, 类似于输入负角度值。

12.1.8　通过扫掠创建实体或曲面

SWEEP 命令可以将平面轮廓沿二维或三维路径进行扫掠, 形成实体或曲面, 若二维轮廓是闭合的, 则生成实体, 否则生成曲面。扫掠时, 轮廓一般会被移动并被调整到与路径垂直的方向。默认情况下, 轮廓形心将与路径起始点对齐, 但也可指定轮廓的其他点作为扫掠对齐点。

扫掠时可选择的轮廓对象及路径如表 12-3 所示。

表 12-3　　　　　　　　　　　　扫掠轮廓及路径

轮廓对象	扫掠路径
直线、圆弧、椭圆弧	直线、圆弧、椭圆弧
二维多段线	二维及三维多段线
二维样条曲线	二维及三维样条曲线
面域	螺旋线
实体上的平面	实体及曲面的边

命令启动方法
- 菜单命令:【绘图】/【建模】/【扫掠】。
- 面板:【建模】面板上的按钮。
- 命令: SWEEP。

【练习12-5】: 练习 SWEEP 命令。

1. 打开附盘文件 "dwg\第 12 章\12-5.dwg"。
2. 利用 PEDIT 命令将路径曲线 A 编辑成一条多段线。
3. 用 SWEEP 命令将面域沿路径扫掠。进入三维建模空间, 单击【建模】面板上的按钮, 启动 SWEEP 命令。

　　命令: _sweep
　　选择要扫掠的对象: 找到 1 个　　　　　　　　　//选择轮廓面域, 如图 12-15 左图所示
　　选择要扫掠的对象:　　　　　　　　　　　　　//按 Enter 键
　　选择扫掠路径或 [对齐(A)/基点(B)/比例(S)/扭曲(T)]: b　//使用 "基点(B)" 选项
　　指定基点: end 于　　　　　　　　　　　　　//捕捉 B 点
　　选择扫掠路径或 [对齐(A)/基点(B)/比例(S)/扭曲(T)]:　//选择路径曲线 A

再启动 HIDE 命令, 结果如图 12-15 右图所示。

图12-15　将面域沿路径扫掠

SWEEP 命令各选项的功能如下。

- 对齐(A)：指定是将轮廓调整到与路径垂直的方向或是保持原有方向。默认情况下，AutoCAD 将使轮廓与路径垂直。
- 基点(B)：指定扫掠时的基点，该点将与路径起始点对齐。
- 比例(S)：路径起始点处的轮廓缩放比例为 1，路径结束处的缩放比例为输入值，中间轮廓沿路径连续变化。与选择点靠近的路径端点是路径的起始点。
- 扭曲(T)：设定轮廓沿路径扫掠时的扭转角度，角度值小于 360°。该选项包含"倾斜"子选项，可使轮廓随三维路径自然倾斜。

12.1.9 通过放样创建实体或曲面

LOFT 命令可对一组平面轮廓曲线进行放样，形成实体或曲面，若所有轮廓是闭合的，则生成实体，否则，生成曲面，如图 12-16 所示。注意，放样时，轮廓线或是全部闭合或是全部开放，不能使用既包含开放轮廓又包含闭合轮廓的选择集。

放样实体或曲面中间轮廓的形状可利用放样路径控制，如图 12-16 左图所示。放样路径始于第一个轮廓所在的平面，止于最后一个轮廓所在的平面。导向曲线是另一种控制放样形状的方法，将轮廓上对应的点通过导向曲线连接起来，使轮廓按预定方式进行变化，如图 12-16 右图所示。轮廓的导向曲线可以有多条，每条导向曲线必须与各轮廓相交，始于第一个轮廓，止于最后一个轮廓。

图12-16　通过放样创建实体或曲面

放样时可选择的轮廓对象、路径及导向曲线如表 12-4 所示。

表 12-4　　　　　　　　　　　　放样轮廓、路径及导向曲线

轮廓对象	路径及导向曲线
直线、圆弧、椭圆弧	直线、圆弧、椭圆弧
面域、二维多段线及二维样条曲线	二维及三维多段线
点对象，仅第一或最后一个放样截面可以是点	二维及三维样条曲线

命令启动方法

- 菜单命令：【绘图】/【建模】/【放样】。
- 面板：【建模】面板上的　按钮。
- 命令：LOFT。

【练习12-6】：练习 LOFT 命令。

1. 打开附盘文件 "dwg\第 12 章\12-6.dwg"。

2. 利用 PEDIT 命令将线条 *A*、*D*、*E* 编辑成多段线，如图 12-17 所示。使用该命令时，应先将 UCS 的 *xy* 平面与连续线所在的平面对齐。

3. 使用 LOFT 命令在轮廓 *B*、*C* 间放样，路径曲线是 *A*。进入三维建模空间，单击【建模】面板上的 按钮，启动 LOFT 命令。

   命令: _loft

   按放样次序选择横截面或[点(PO)/合并多条边(J)/模式(MO)]:总计 2 个

   　　　　　　　　　　　　　　　　　　　　　　　　//选择轮廓 *B*、*C*，如图 12-17 左图所示

   按放样次序选择横截面或[点(PO)/合并多条边(J)/模式(MO)]:　　//按 Enter 键

   输入选项 [导向(G)/路径(P)/仅横截面(C)/设置(S)] <仅横截面>: P

   　　　　　　　　　　　　　　　　　　　　　　　　//使用 "路径(P)" 选项

   选择路径曲线:　　　　　　　　　　　　　　　　　//选择路径曲线 *A*

   结果如图 12-17 右图所示。

4. 使用 LOFT 命令在轮廓 *F*、*G*、*H*、*I*、*J* 间放样，导向曲线是 *D*、*E*。

   命令: _loft

   按放样次序选择横截面或[点(PO)/合并多条边(J)/模式(MO)]:总计 5 个

   　　　　　　　　　　　　　　　　　　　　　　　　//选择轮廓 *F*、*G*、*H*、*I*、*J*

   按放样次序选择横截面或[点(PO)/合并多条边(J)/模式(MO)]:　　//按 Enter 键

   输入选项 [导向(G)/路径(P)/仅横截面(C)/设置(S)] <仅横截面>: G

   　　　　　　　　　　　　　　　　　　　　　　　　//使用 "导向(G)" 选项

   选择导向曲线: 总计 2 个　　　　　　　　　　　　//选择导向曲线 *D*、*E*

   选择导向曲线:　　　　　　　　　　　　　　　　　//按 Enter 键

   结果如图 12-17 右图所示。

图12-17　利用放样生成实体

LOFT 命令各选项的功能如下。

- 点(PO): 指定放样的一个截面为点。使用此选项另一个截面必须为闭合曲线。
- 合并多条边(J): 将多个首尾相连的曲线合并为一个横截面。
- 导向(G): 利用连接各个轮廓的导向曲线控制放样实体或曲面的截面形状。
- 路径(P): 指定放样实体或曲面的路径，路径要与各个轮廓截面相交。
- 仅横截面(C): 只通过各截面创建放样对象。
- 设置(S): 选择此选项，打开【放样设置】对话框，如图 12-18 所示，通过该对话框控制放样对象表面的变化。对话框中各选项的功能如下。

【直纹】：各轮廓线间是直纹面。

【平滑拟合】：用平滑曲面连接各轮廓线。

【法线指向】：下拉列表中的选项用于设定放样对象表面与各轮廓截面是否垂直。

【拔模斜度】：设定放样对象表面在起始及终止位置处的切线方向与轮廓所在截面的夹角。该角度对放样对象的影响范围由幅值文本框中的数值决定。

图12-18　【放样设置】对话框

12.1.10　加厚曲面形成实体

THICKEN 命令可以用于加厚任何类型曲面，形成实体。

单击【实体编辑】面板上的 ⊘ 按钮，或选取菜单命令【修改】/【三维操作】/【加厚】，启动 THICKEN 命令，选择要加厚的曲面，再输入厚度值，曲面就转化为实体。

12.1.11　利用平面或曲面切割实体

SLICE 命令可以根据平面或曲面切开实体模型，被剖切的实体可保留一半或两半都保留。保留部分将保持原实体的图层和颜色特性。剖切方法是先定义切割平面，然后选定需要的部分。用户可通过 3 点来定义切割平面，也可指定当前坐标系 xy、yz、zx 平面作为切割平面。

命令启动方法

- 菜单命令：【修改】/【三维操作】/【剖切】。
- 面板：【实体编辑】面板上的 ⚃ 按钮。
- 命令：SLICE。

【练习12-7】：练习 SLICE 命令。

打开附盘文件 "dwg\第 12 章\12-7.dwg"，使用 SLICE 命令切割实体。进入三维建模空间，单击【实体编辑】面板上的 ⚃ 按钮，启动 SLICE 命令。

命令：_slice

选择要剖切的对象：找到 1 个　　　　　　　　　//选择实体，如图 12-19 左图所示

选择要剖切的对象：	//按 Enter 键
指定切面的起点或 [平面对象(O)/曲面(S)/Z 轴(Z)/视图(V)/XY/YZ/ZX/三点(3)] <三点>：	//按 Enter 键，利用 3 点定义剖切平面
指定平面上的第一个点：end 于	//捕捉端点 A
指定平面上的第二个点：mid 于	//捕捉中点 B
指定平面上的第三个点：mid 于	//捕捉中点 C
在所需的侧面上指定点或 [保留两个侧面(B)] <保留两个侧面>：	//在要保留的那边单击一点
命令：SLICE	//重复命令
选择要剖切的对象：找到 1 个	//选择实体
选择要剖切的对象：	//按 Enter 键
指定 切面 的起点或 [平面对象(O)/曲面(S)/Z 轴(Z)/视图(V)/XY/YZ/ZX/三点(3)] <三点>：s	//使用"曲面(S)"选项
选择曲面：	//选择曲面
选择要保留的剖切对象或 [保留两个侧面(B)] <保留两个侧面>：	//在要保留的那边单击一点

删除曲面后，结果如图 12-19 右图所示。

图12-19　切割实体

SLICE 命令各选项的功能如下。

- 平面对象(O)：用圆、椭圆、圆弧或椭圆弧、二维样条曲线或二维多段线等对象所在的平面作为剖切平面。
- 曲面(S)：指定曲面作为剖切面。
- Z 轴(Z)：通过指定剖切平面的法线方向来确定剖切平面。
- 视图(V)：剖切平面与当前视图平面平行。
- XY、YZ、ZX：用坐标平面 xoy、yoz、zox 剖切实体。

12.1.12　螺旋线、涡状线及弹簧

HELIX 命令可用于创建螺旋线及涡状线，这些曲线可用作扫掠路径及拉伸路径，从而形成复杂的三维实体。用户用 HELIX 命令绘制螺旋线，再用 SWEEP 命令将圆沿螺旋线扫掠，就创建出弹簧的实体模型。

命令启动方法

- 菜单命令：【绘图】/【螺旋】。
- 面板：【绘图】面板上的 ▣ 按钮。
- 命令：HELIX。

【练习12-8】：练习 HELIX 命令。

1. 打开附盘文件"dwg\第 12 章\12-8.dwg"。

2. 使用 HELIX 命令绘制螺旋线。进入三维建模空间，单击【绘图】面板上的 按钮，启动 HELIX 命令。

     命令: _Helix

     指定底面的中心点: //指定螺旋线底面中心点

     指定底面半径或 [直径(D)] <40.0000>: 40   //输入螺旋线半径值

     指定顶面半径或 [直径(D)] <40.0000>:   //按 Enter 键

     指定螺旋高度或 [轴端点(A)/圈数(T)/圈高(H)/扭曲(W)] <100.0000>: h

                                               //使用"圈高(H)"选项

     指定圈间距 <20.0000>: 20   //输入螺距

     指定螺旋高度或 [轴端点(A)/圈数(T)/圈高(H)/扭曲(W)] <100.0000>: 100

                                               //输入螺旋线高度

结果如图 12-20 左图所示。

> **要点提示** 若输入螺旋线的高度为 0，则形成涡状线。

3. 使用 SWEEP 命令将圆沿螺旋线扫掠形成弹簧，再启动 HIDE 命令，结果如图 12-20 右图所示。

图12-20　创建弹簧

HELIX 命令各选项的功能如下。

- 轴端点(A): 指定螺旋轴端点的位置。螺旋轴的长度及方向表明了螺旋线的高度及倾斜方向。
- 圈数(T): 输入螺旋线的圈数，数值小于 500。
- 圈高(H): 输入螺旋线螺距。
- 扭曲(W): 按顺时针或逆时针方向绘制螺旋线，以第二种方式绘制的螺旋线是右旋的。

12.1.13　与实体显示有关的系统变量

与实体显示有关的系统变量有 3 个：ISOLINES、FACETRES 及 DISPSILH，分别介绍如下。

- ISOLINES: 此变量用于设定实体表面网格线的数量，如图 12-21 所示。
- FACETRES: 用于设置实体消隐或渲染后的表面网格密度。此变量值的范围为 0.01~10.0，值越大表明网格越密，消隐或渲染后表面越光滑，如图 12-22 所示。
- DISPSILH: 用于控制消隐时是否显示出实体表面网格线。若此变量值为 0，则显示网格线，为 1，则不显示网格线，如图 12-23 所示。

ISOLINES=10　　ISOLINES=30

图12-21　ISOLINES 变量

FACETRES=1.0　　FACETRES=10.0

图12-22　FACETRES 变量

DISPSILH=0　　DISPSILH=1

图12-23　DISPSILH 变量

12.1.14　用户坐标系

默认情况下，AutoCAD 坐标系统是世界坐标系，该坐标系是一个固定坐标系。用户也可在三维空间中建立自己的坐标系（UCS），该坐标系是一个可变动的坐标系，坐标轴正向按右手螺旋法则确定。三维绘图时，UCS 坐标系特别有用，因为可以在任意位置、沿任意方向建立 UCS，从而使得三维绘图变得更加容易。

在 AutoCAD 中，多数 2D 命令只能在当前坐标系的 xy 平面或与 xy 平面平行的平面内执行。若用户想在 3D 空间的某一平面内使用 2D 命令，则应在此平面位置创建新的 UCS。

【练习12-9】：在三维空间中创建坐标系。

1. 打开附盘文件 "dwg\第 12 章\12-9.dwg"。
2. 改变坐标原点。输入 UCS 命令，AutoCAD 提示如下。

        命令: ucs
        指定 UCS 的原点或 [面(F)/命名(NA)/对象(OB)/上一个(P)/视图(V)/世界(W)/X/Y/Z/Z
        轴(ZA)] <世界>:　　　　　　　　　　//捕捉 A 点，如图 12-24 所示
        指定 X 轴上的点或 <接受>:　　　　　　//按 Enter 键

    结果如图 12-24 所示。
3. 将 UCS 坐标系绕 x 轴旋转 90°。

        命令:UCS
        指定 UCS 的原点或 [面(F)/命名(NA)/对象(OB)/上一个(P)/视图(V)/世界(W)/X/Y/Z/Z
        轴(ZA)] <世界>: x　　　　　　　　　//使用 "X" 选项
        指定绕 X 轴的旋转角度 <90>: 90　　　//输入旋转角度

    结果如图 12-25 所示。
4. 利用三点定义新坐标系。

        命令:UCS
        指定 UCS 的原点或 [面(F)/命名(NA)/对象(OB)/上一个(P)/视图(V)/世界(W)/X/Y/Z/Z
        轴(ZA)] <世界>: end 于　　　　　　 //捕捉 B 点，如图 12-26 所示
        指定 X 轴上的点或 <接受>: end 于　 //捕捉 C 点
        指定 XY 平面上的点或 <接受>: end 于 //捕捉 D 点

    结果如图 12-26 所示。

图12-24 改变坐标原点

图12-25 将坐标系绕 x 轴旋转

图12-26 利用三点定义坐标系

除用 UCS 命令改变坐标系外，也可打开动态 UCS 功能，使 UCS 坐标系的 *xy* 平面在绘图过程中自动与某一平面对齐。按 F6 键或按下状态栏的 ☒ 按钮，就打开动态 UCS 功能。启动二维或三维绘图命令，将鼠标光标移动到要绘图的实体面，该实体面亮显，表明坐标系的 *xy* 平面临时与实体面对齐，绘制的对象将处于此面内。绘图完成后，UCS 坐标系又返回原来状态。

12.1.15 使坐标系的 *xy* 平面与屏幕对齐

PLAN 命令可以生成坐标系的 *xy* 平面视图，即视点位于坐标系的 *z* 轴上，此时，*xy* 坐标面与屏幕对齐，该命令在三维建模过程中是非常有用的。例如，当用户想在 3D 空间的某个平面上绘图时，可先以该平面为 *xy* 坐标面创建 UCS 坐标系，然后使用 PLAN 命令使坐标系的 *xy* 平面视图显示在屏幕上，这样在三维空间的某一平面上绘图就如同画一般的二维图了。

启动 PLAN 命令，AutoCAD 提示"输入选项 [当前 UCS(C)/UCS(U)/世界(W)] <当前 UCS>:"，按 Enter 键，当前坐标系的 *xy* 平面就与屏幕对齐。

12.2　范例解析——利用布尔运算构建复杂实体模型

【练习12-10】：　利用布尔运算创建支撑架的实体模型，如图 12-27 所示。

图12-27　创建实体模型

1.　创建一个新图形。
2.　打开【视图】面板上的【视图控制】下拉列表，选择【东南等轴测】，切换到东南轴测视图。在 *xy* 平面绘制底板的轮廓形状，并将其创建成面域，结果如图 12-28 所示。
3.　拉伸面域，形成底板的实体模型，结果如图 12-29 所示。

图12-28 创建面域

图12-29 拉伸面域

4. 建立新的用户坐标系，在 *xy* 平面内绘制弯板及三角形筋板的二维轮廓，并将其创建成面域，结果如图 12-30 所示。

5. 拉伸面域 *A*、*B*，形成弯板及筋板的实体模型，结果如图 12-31 所示。

图12-30 新建坐标系及创建面域

图12-31 拉伸面域 *A*、*B*

6. 使用 MOVE 命令将弯板及筋板移动到正确的位置，结果如图 12-32 所示。

7. 建立新的用户坐标系，如图 12-33 左图所示，再绘制两个圆柱体，结果如图 12-33 右图所示。

图12-32 移动对象

图12-33 新建坐标系并绘制圆柱体

8. 合并底板、弯板、筋板及大圆柱体，使其成为单一实体，然后从该实体中去除小圆柱体，结果如图 12-34 所示。

图12-34 执行并运算

12.3 实训——创建 V 形导轨实体模型

【练习12-11】： 根据 V 形导轨零件图创建实体模型，如图 12-35 所示。

图12-35 创建实体模型

主要作图步骤如图 12-36 所示。

图12-36 主要作图步骤

12.4 习题

1. 绘制图 12-37 所示平面立体的实心体模型。
2. 绘制图 12-38 所示立体的实心体模型。

图12-37　创建实体模型（1）

图12-38　创建实体模型（2）

第13章　编辑三维模型

【学习目标】

- 阵列、旋转及镜像三维对象。
- 拉伸、移动及旋转实体表面。

通过学习本章，读者可以掌握编辑三维模型的主要命令。

13.1　功能讲解——调整模型位置及编辑实体表面

本章主要介绍调整模型位置的各种方法及编辑实体表面的各种方法。

13.1.1　显示及操作小控件

小控件是能指示方向的三维图标，可帮助用户移动、旋转和缩放三维对象和子对象。实体的面、边及顶点等对象为子对象，按 Ctrl 键可选择这些对象。

控件分为 3 类：移动控件、旋转控件及缩放控件，每种控件都包含坐标轴及控件中心（原点处），如图 13-1 所示。默认情况下，选择具有三维视觉样式的对象或子对象时，在选择集的中心位置会出现移动小控件。对小控件可做以下操作。

(1) 改变控件位置。

单击小控件的中心框可以把控件中心移到其他位置。用鼠标右键单击控件，弹出快捷菜单，如图 13-2 所示，利用以下两个命令也可改变控件位置。

- 【重新定位小控件】：控件中心随鼠标光标移动，单击一点指定控件位置。
- 【将小控件对齐到】：将控件坐标轴与世界坐标系、用户坐标系或实体表面对齐。

图13-1　3 种小控件

图13-2　快捷菜单

(2) 调整控件轴的方向。

用鼠标右键单击控件，选择【自定义小控件】命令，然后拾取 3 个点指定控件的 x 轴方向及 xy 平面位置。

(3) 切换小控件。

用鼠标右键单击控件，利用快捷菜单上的【移动】、【旋转】及【缩放】命令切换控件。

13.1.2　利用小控件编辑模式移动、旋转及缩放对象

显示小控件并调整其位置后，就可激活控件编辑模式编辑对象。

(1)　激活控件编辑模式。

将鼠标光标悬停在小控件的坐标轴或回转圆上直至其变为黄色，单击鼠标左键确认，就激活控件编辑模式，如图 13-3 所示。其次，用鼠标右键单击控件，利用快捷菜单上的【设置约束】命令指定移动方向、缩放方向或旋转轴等，也可激活控件编辑模式，如图 13-3 所示。

当控件编辑模式激活后，连续按空格键或 Enter 键可在移动、旋转及缩放模式间切换。单击鼠标右键，弹出快捷菜单，利用菜单上的相应命令也可切换编辑模式，还能改变控件位置。

控件编辑模式与对应的关键点编辑模式功能相同。对于每种编辑模式，AutoCAD 的提示信息都包括"基点(B)"及"复制(C)"等选项。

图13-3　激活控件编辑模式

(2)　移动对象。

激活移动模式后，物体的移动方向被约束到与控件坐标轴的方向一致。移动鼠标光标，物体随之移动，输入移动距离，按 Enter 键结束。输入负的数值，移动方向则相反。

操作过程中，单击鼠标右键，利用快捷菜单上的【设置约束】命令可指定其他坐标方向作为移动方向。

将鼠标光标悬停在控件的坐标轴间的矩形边上直至矩形变为黄色，单击鼠标左键确认，物体的移动方向被约束在矩形平面内，如图 13-4 所示。以坐标方式输入移动距离及方向，按 Enter 键结束。

图13-4　移动编辑模式

(3)　旋转对象。

激活旋转模式的同时将出现以圆为回转方向的回转轴，物体将绕此轴旋转。移动鼠标光标，物体随之转动，输入旋转角度值，按 Enter 键结束。输入负的数值，旋转方向则相反。

操作过程中，单击鼠标右键，利用快捷菜单上的【设置约束】命令可指定其他坐标轴作

为旋转轴。

若想以任意一轴为旋转轴，可利用快捷菜单上的【自定义控件】命令创建新控件，使新控件的 x 轴与指定的旋转轴重合，如图 13-5 所示。

图13-5 旋转对象

(4) 缩放对象。

利用控件缩放模式，可以分别沿 1 个、2 个或 3 个坐标轴方向进行缩放。

可用以下方式激活控件缩放模式。

- 指定缩放轴：这种方法前面已有介绍。
- 指定缩放平面：将鼠标光标悬停在坐标轴间的两条平行线内，直至平行线内的区域变为黄色，单击鼠标左键确认，此选项仅适用于网格，不适用于实体或曲面，如图 13-6 左图所示。
- 沿 3 个坐标轴方向缩放对象：将鼠标光标悬停在控件中心框附近，直至该区域变为黄色，单击鼠标左键确认，如图 13-6 中图所示。
- 用鼠标右键单击控件，利用快捷菜单上的【设置约束】命令激活控件缩放模式，如图 13-6 右图所示。

图13-6 缩放对象

激活控件缩放模式后，输入缩放比例值，按 Enter 键结束。操作过程中，单击鼠标右键，利用快捷菜单的【设置约束】命令可指定其他方向作为缩放方向。

13.1.3 3D 移动

用户可以使用 MOVE 命令在三维空间中移动对象，操作方式与在二维空间中一样，只不过当通过输入距离来移动对象时，必须分别输入沿 x、y、z 轴的距离值。

AutoCAD 提供了专门用来在三维空间中移动对象的命令 3DMOVE，该命令还能移动实体的面、边及顶点等子对象（按住 Ctrl 键可选择子对象）。3DMOVE 命令的操作方式与 MOVE 命令类似，但前者使用起来更形象、直观。

命令启动方法

- 菜单命令:【修改】/【三维操作】/【三维移动】。
- 面板:【修改】面板上的 ⊕ 按钮。
- 命令: 3DMOVE 或简写 3M。

【练习13-1】: 练习 3DMOVE 命令。

1. 打开附盘文件"dwg\第 13 章\13-1.dwg"。
2. 进入三维建模空间,单击【修改】面板上的 ⊕ 按钮,启动 3DMOVE 命令,将对象 A 由基点 B 移动到第二点 C,再通过输入距离的方式移动对象 D,移动距离为"40,-50",如图 13-7 左图所示,结果如图 13-7 右图所示。

图13-7 移动对象

3. 重复命令,选择对象 E,按 Enter 键,AutoCAD 显示移动控件,该控件 3 个轴的方向与当前坐标轴的方向一致,如图 13-8 左图所示。
4. 将鼠标光标悬停在小控件的 y 轴上直至其变为黄色并显示出移动辅助线,单击鼠标左键确认,物体的移动方向被约束到与轴的方向一致。
5. 若将鼠标光标移动到两轴间的矩形边处,直至矩形变成黄色,则表明移动被限制在矩形所在的平面内。
6. 向左下方移动鼠标光标,物体随之移动,输入移动距离 50,结果如图 13-8 右图所示。也可通过单击一点移动对象。

图13-8 移动对象 E

若想沿任一方向移动对象,可按以下方式操作。

(1) 将模型的显示方式切换为三维线框模式,启动 3DMOVE 命令,选择对象,AutoCAD 显示移动控件。
(2) 调整控件的位置,使控件的 x 轴与移动方向重合。
(3) 激活控件移动模式,移动模型。

13.1.4 3D 旋转

使用 ROTATE 命令仅能使对象在 xy 平面内旋转,即旋转轴只能是 z 轴。3DROTATE 命令是 ROTATE 的 3D 版本,该命令能使对象绕 3D 空间中的任意轴旋转。此外,ROTATE3D 命令还能旋转实体的表面(按住 Ctrl 键选择实体表面)。

命令启动方法

- 菜单命令:【修改】/【三维操作】/【三维旋转】。
- 面板:【修改】面板上的 按钮。
- 命令: 3DROTATE 或简写 3R。

【练习13-2】: 练习 3DROTATE 命令。

1. 打开附盘文件 "dwg\第 13 章\13-2.dwg"。
2. 进入三维建模空间,单击【修改】面板上的 按钮,启动 3DROTATE 命令,选择要旋转的对象,按 Enter 键,AutoCAD 显示旋转控件,如图 13-9 左图所示,该控件包含表示旋转方向的 3 个辅助圆。
3. 移动鼠标光标到 A 点处,并捕捉该点,旋转控件就被放置在此点,如图 13-9 左图所示。
4. 将鼠标光标移动到圆 B 处,停住鼠标光标直至圆变为黄色,同时出现以圆为回转方向的回转轴,单击鼠标左键确认。回转轴与世界坐标系的坐标轴是平行的,且轴的正方向与坐标轴正向一致。
5. 输入回转角度值 " - 90",结果如图 13-9 右图所示。角度正方向按右手螺旋法则确定,也可单击一点指定回转起点,再单击一点指定回转终点。

图13-9 旋转对象

若想以任一方向为旋转轴,可按以下方式操作。

(1) 将模型的显示方式切换为三维线框模式,启动 3DROTATE 命令,选择对象,AutoCAD 显示旋转控件。

(2) 调整控件的位置,使控件的 x 轴与旋转轴重合。

(3) 激活控件旋转模式,旋转模型。

13.1.5 3D 缩放

二维对象缩放命令 SCALE 也可用于缩放三维对象,但只能进行整体缩放。3DSCALE 命令是 SCALE 的 3D 版本,对于三维网格模型及其子对象,该命令可以分别沿 1 个、2 个或 3 个坐标轴方向进行缩放;对于三维实体模型及其子对象,则只能整体缩放。

命令启动方法

- 面板:【修改】面板上的 按钮。
- 命令: 3DSCALE。

【练习13-3】: 练习 3DSCALE 命令。

1. 打开附盘文件 "dwg\第 13 章\13-3.dwg"。
2. 进入三维建模空间,单击【修改】面板上的 按钮,启动 3DSCALE 命令,按住 Ctrl 键选择实体表面 A,按 Enter 键,AutoCAD 显示缩放控件。

3. 移动鼠标光标到 B 点处，并捕捉该点，缩放控件就被放置在此点，如图 13-10 左图所示。

4. 将鼠标光标悬停在控件中心框附近，直至该区域变为黄色，单击鼠标左键确认。输入缩放比例值"0.5"，按 Enter 键结束，结果如图 13-10 右图所示。

图13-10　缩放对象

3DSCALE 命令还有另一种操作方式：启动命令并选择对象后，AutoCAD 显示缩放小控件，激活控件编辑模式缩放对象。

13.1.6　3D 阵列

3DARRAY 命令是二维 ARRAY 命令的 3D 版本。通过这个命令，用户可以在三维空间中创建对象的矩形阵列或环形阵列。

命令启动方法

- 菜单命令：【修改】/【三维操作】/【三维阵列】。
- 命令：3DARRAY。

【**练习13-4**】：练习 3DARRAY 命令。

打开附盘文件"dwg\第 13 章\13-4.dwg"，使用 3DARRAY 命令创建矩形及环形阵列。进入三维建模空间，选择菜单命令【修改】/【三维操作】/【三维阵列】，启动 3DARRAY 命令。

```
命令：_3darray
选择对象：找到 1 个                    //选择要阵列的对象，如图 13-11 所示
选择对象：                            //按 Enter 键
输入阵列类型 [矩形(R)/环形(P)] <矩形>：  //指定矩形阵列
输入行数 (---) <1>：2                 //输入行数，行的方向平行于 x 轴
输入列数 (|||) <1>：3                 //输入列数，列的方向平行于 y 轴
输入层数 (...) <1>：3                 //指定层数，层数表示沿 z 轴方向的分布数目
指定行间距 (---)：50                  //输入行间距，如果输入负值，阵列方向将沿 x 轴反方向
指定列间距 (|||)：80                  //输入列间距，如果输入负值，阵列方向将沿 y 轴反方向
指定层间距 (...)：120                 //输入层间距，如果输入负值，阵列方向将沿 z 轴反方向
```

启动 HIDE 命令，结果如图 13-11 所示。

图13-11　三维阵列

如果选择"环形(P)"选项，就能建立环形阵列，AutoCAD 提示如下。

输入阵列中的项目数目: 6   //输入环形阵列的数目

指定要填充的角度 (+=逆时针, -=顺时针) <360>:

                        //输入环行阵列的角度值, 可以输入正值或负值, 角度正方向由右手螺旋法则确定

旋转阵列对象? [是(Y)/否(N)]<是>:   //按 Enter 键, 则阵列的同时还旋转对象

指定阵列的中心点: //指定旋转轴的第一点 A, 如图 13-12 所示

指定旋转轴上的第二点: //指定旋转轴的第二点 B

启动 HIDE 命令, 结果如图 13-12 所示。

图13-12　环形阵列

环形阵列时, 旋转轴的正方向是从第一个指定点指向第二个指定点, 沿该方向伸出大拇指, 则其他 4 个手指的弯曲方向就是旋转角的正方向。

13.1.7　3D 镜像

如果镜像线是当前坐标系 xy 平面内的直线, 则使用常见的 MIRROR 命令就可对 3D 对象进行镜像复制。但若想以某个平面作为镜像平面来创建 3D 对象的镜像复制, 就必须使用 MIRROR3D 命令。如图 13-13 所示, 把 A、B、C 点定义的平面作为镜像平面, 对实体进行镜像。

图13-13　三维镜像

命令启动方法

- 菜单命令:【修改】/【三维操作】/【三维镜像】。
- 面板:【修改】面板上的 ⬚ 按钮。
- 命令: MIRROR3D。

【练习13-5】: 练习 MIRROR3D 命令。

打开附盘文件 "dwg\第 13 章\13-5.dwg", 用 MIRROR3D 命令创建对象的三维镜像。进入三维建模空间, 单击【修改】面板上的 ⬚ 按钮, 启动 MIRROR3D 命令。

命令: _mirror3d

选择对象: 找到 1 个   //选择要镜像的对象

选择对象: //按 Enter 键

指定镜像平面 (三点) 的第一个点或[对象(O)/最近的(L)/Z 轴(Z)/视图(V)/XY 平面

(XY)/YZ 平面(YZ)/ZX 平面(ZX)/三点(3)]<三点>:

　　　　　　　　　　　　　　//利用 3 点指定镜像平面，捕捉第一点 A，如图 13-13 左图所示

在镜像平面上指定第二点: 　　　　　　　　　　　//捕捉第二点 B

在镜像平面上指定第三点: 　　　　　　　　　　　//捕捉第三点 C

是否删除源对象？[是(Y)/否(N)] <否>: 　　　　//按 Enter 键不删除源对象

结果如图 13-13 右图所示。

MIRROR3D 命令有以下选项，利用这些选项就可以在三维空间中定义镜像平面。

- 对象(O): 以圆、圆弧、椭圆及 2D 多段线等二维对象所在的平面作为镜像平面。
- 最近的(L): 该选项指定上一次 MIRROR3D 命令使用的镜像平面作为当前镜像面。
- Z 轴(Z): 用户在三维空间中指定两个点，镜像平面将垂直于两点的连线，并通过第一个选取点。
- 视图(V): 镜像平面平行于当前视区，并通过用户的拾取点。
- XY 平面(XY)/YZ 平面(YZ)/ZX 平面(ZX): 镜像平面平行于 *xy* 平面、*yz* 平面或 *zx* 平面，并通过用户的拾取点。

13.1.8　3D 对齐

3DALIGN 命令在 3D 建模中非常有用，通过这个命令，用户可以指定源对象与目标对象的对齐点，从而使源对象的位置与目标对象的位置对齐。例如，用户利用 3DALIGN 命令让对象 *M*（源对象）的某一平面上的 3 点与对象 *N*（目标对象）的某一平面上的 3 点对齐，操作完成后，*M*、*N* 两对象将组合在一起，如图 13-14 所示。

图13-14　三维对齐

命令启动方法

- 菜单命令:【修改】/【三维操作】/【三维对齐】。
- 面板:【修改】面板上的 按钮。
- 命令: 3DALIGN。

【练习13-6】: 练习 3DALIGN 命令。

打开附盘文件 "dwg\第 13 章\13-6.dwg"，使用 3DALIGN 命令对齐 3D 对象。进入三维建模空间，单击【修改】面板上的 按钮，启动 3DALIGN 命令。

　　　命令: _3dalign

　　　选择对象: 找到 1 个 　　　　　　　　//选择要对齐的对象

　　　选择对象: 　　　　　　　　　　　　//按 Enter 键

　　　指定基点或 [复制(C)]: 　　　　　　//捕捉源对象上的第一点 A，如图 13-14 左图所示

　　　指定第二个点或 [继续(C)] <C>: 　　//捕捉源对象上的第二点 B

指定第三个点或 [继续(C)] <C>:	//捕捉源对象上的第三点 C
指定第一个目标点:	//捕捉目标对象上的第一点 D
指定第二个目标点或 [退出(X)] <X>:	//捕捉目标对象上的第二点 E
指定第三个目标点或 [退出(X)] <X>:	//捕捉目标对象上的第三点 F

结果如图 13-14 右图所示。

使用 3DALIGN 命令时，用户不必指定所有的 3 对对齐点。以下说明提供不同数量的对齐点时，AutoCAD 如何移动源对象。

- 如果仅指定一对对齐点，AutoCAD 就把源对象由第一个源点移动到第一目标点处。
- 若指定两对对齐点，则 AutoCAD 移动源对象后，将使两个源点的连线与两个目标点的连线重合，并让第一个源点与第一目标点也重合。
- 如果用户指定 3 对对齐点，那么命令结束后，3 个源点定义的平面将与 3 个目标点定义的平面重合在一起。选择的第一个源点要移动到第一个目标点的位置，前两个源点的连线与前两个目标点的连线重合。第 3 个目标点的选取顺序若与第 3 个源点的选取顺序一致，则两个对象平行对齐，否则是相对对齐。

13.1.9 3D 倒圆角及倒角

FILLET 和 CHAMFER 命令可以对二维对象倒圆角及倒角，它们的用法已在第 2 章中叙述过。对于三维实体，同样可用这两个命令创建圆角和倒角，但此时的操作方式与二维绘图时略有不同。

【练习13-7】：在 3D 空间使用 FILLET、CHAMFER 命令。

打开附盘文件 "dwg\第 13 章\13-7.dwg"，使用 FILLET、CHAMFER 命令给 3D 对象倒圆角及倒角。

命令: _fillet
选择第一个对象或 [放弃(U)/多段线(P)/半径(R)/修剪(T)/多个(U)]:
//选择棱边 A，如图 13-15 左图所示
输入圆角半径或[表达式(E)]<10.0000>: 15　　　　　　　　　　　//输入圆角半径
选择边或 [链(C)/环(L)/半径(R)]:　　　　　　　　　　　　//选择棱边 B
选择边或 [链(C)/环(L)/半径(R)]:　　　　　　　　　　　　//选择棱边 C
选择边或 [链(C)/环(L)/半径(R)]:　　　　　　　　　　　　//按 Enter 键结束
命令: _chamfer
选择第一条直线或 [放弃(U)/多段线(P)/距离(D)/角度(A)/修剪(T)/方式(M)/多个(U)]:
//选择棱边 E，如图 13-15 左图所示
基面选择...　　　　　　　　　　　　　　　　　　//选择平面 D，该面是倒角基面
输入曲面选择选项 [下一个(N)/当前(OK)] <当前>:　　　　　　//按 Enter 键
指定基面的倒角距离或[表达式(E)] <15.0000>: 10　　　　　　//输入基面内的倒角距离
指定其他曲面的倒角距离或[表达式(E)] <10.0000>: 30　　//输入另一平面内的倒角距离
选择边或[环(L)]:　　　　　　　　　　　　　　　　　//选择棱边 E
选择边或[环(L)]:　　　　　　　　　　　　　　　　　//选择棱边 F

选择边或[环(L)]：	//选择棱边 G
选择边或[环(L)]：	//选择棱边 H
选择边或[环(L)]：	//按 Enter 键结束

结果如图 13-15 右图所示。

图13-15　倒圆角及倒角

13.1.10　拉伸面

AutoCAD 可以根据指定的距离拉伸面或将面沿某条路径进行拉伸。拉伸时，如果是输入拉伸距离值，那么还可输入锥角，这样将使拉伸所形成的实体锥化。图 13-16 所示是将实体表面按指定的距离、锥角及沿路径进行拉伸的结果。

【练习13-8】：拉伸面。

1. 打开附盘文件 "dwg\第 13 章\13-8.dwg"，利用 SOLIDEDIT 命令拉伸实体表面。

2. 进入三维建模空间，单击【实体编辑】面板上的 📵 按钮，AutoCAD 主要提示如下。

命令：_solidedit	
选择面或 [放弃(U)/删除(R)]：找到一个面。	//选择实体表面 A，如图 13-16 左上图所示
选择面或 [放弃(U)/删除(R)/全部(ALL)]：	//按 Enter 键
指定拉伸高度或 [路径(P)]：50	//输入拉伸的距离
指定拉伸的倾斜角度 <0>：5	//指定拉伸的锥角

结果如图 13-16 右上图所示。图 13-16 右下图所示是沿路径拉伸的结果。

图13-16　拉伸实体表面

拉伸面的常用选项的功能如下。

- 指定拉伸高度：输入拉伸距离及锥角来拉伸面。对于每个面规定其外法线方向是正方向，当输入的拉伸距离是正值时，面将沿其外法线方向拉伸，否则，将向法线方向相反方向拉伸。在指定拉伸距离后，AutoCAD 会提示输入锥角，若输入正的锥值，则将使面向实体内部锥化，否则，将使面向实体外部锥化，如图 13-17 所示。

正锥角　　　　　　　　负锥角

图13-17　拉伸并锥化面

- 路径(P)：沿着一条指定的路径拉伸实体表面。拉伸路径可以是直线、圆弧、多段线及 2D 样条线等，作为路径的对象不能与要拉伸的表面共面，也应避免路径曲线的某些局部区域有较高的曲率，否则，可能使新形成的实体在路径曲率较高处出现自相交的情况，从而导致拉伸失败。

　可用 PEDIT 命令的"合并(J)"选项将当前坐标系 *xy* 平面内的连续几段线条连接成多段线，这样就可以将其定义为拉伸路径了。

13.1.11　旋转面

通过旋转实体的表面就可改变面的倾斜角度，或将一些结构特征（如孔、槽等）旋转到新的方位。如图 13-18 所示，将 *A* 面的倾斜角修改为 120°，并把槽旋转 90°。

在旋转面时，用户可通过拾取两点、选择某条直线或设定旋转轴平行于坐标轴等方法来指定旋转轴，另外，应注意确定旋转轴的正方向。

图13-18　旋转面

【练习13-9】：　旋转面。

1. 打开附盘文件"dwg\第 13 章\13-9.dwg"，利用 SOLIDEDIT 命令旋转实体表面。
2. 进入三维建模空间，单击【实体编辑】面板上的 按钮，AutoCAD 主要提示如下。

```
命令：_solidedit
选择面或 [放弃(U)/删除(R)]：找到一个面。    //选择表面 A，如图 13-18 左图所示
选择面或 [放弃(U)/删除(R)/全部(ALL)]：    //按 Enter 键
指定轴点或 [经过对象的轴(A)/视图(V)/X 轴(X)/Y 轴(Y)/Z 轴(Z)] <两点>：
                                    //捕捉旋转轴上的第一点 D
在旋转轴上指定第二个点：              //捕捉旋转轴上的第二点 E
指定旋转角度或 [参照(R)]：-30         //输入旋转角度
```

结果如图 13-18 右图所示。

旋转面常用选项的功能如下。

- 两点：指定两点来确定旋转轴，轴的正方向是由第一个选择点指向第二个选择点。

- X 轴(X)/Y 轴(Y)/Z 轴(Z)：旋转轴平行于 x 轴、y 轴或 z 轴，并通过拾取点。旋转轴的正方向与坐标轴的正方向一致。

13.1.12 压印

压印（Imprint）可以把圆、直线、多段线、样条曲线、面域及实心体等对象压印到三维实体上，使其成为实体的一部分。用户必须使被压印的几何对象在实体表面内或与实体表面相交，压印操作才能成功。压印时，AutoCAD 将创建新的表面，该表面以被压印的几何图形及实体的棱边作为边界，用户可以对生成的新面进行拉伸和旋转等操作。如图 13-19 所示，将圆压印在实体上，并将新生成的面向上拉伸。

图13-19 压印

【练习13-10】： 压印。

1. 打开附盘文件 "dwg\第 13 章\13-10.dwg"，进入三维建模空间，单击【实体编辑】面板上的 ⬚ 按钮，AutoCAD 主要提示如下。

选择三维实体或曲面：	//选择实体模型
选择要压印的对象：	//选择圆 A，如图 13-19 左图所示
是否删除源对象？ <N>: y	//删除圆 A
选择要压印的对象：	//按 Enter 键

2. 单击 ▣ 按钮，AutoCAD 主要提示如下。

选择面或 [放弃(U)/删除(R)]：找到一个面。	//选择表面 B，如图 13-19 中图所示
选择面或 [放弃(U)/删除(R)/全部(ALL)]:	//按 Enter 键
指定拉伸高度或 [路径(P)]: 10	//输入拉伸高度
指定拉伸的倾斜角度 <0>:	//按 Enter 键

结果如图 13-19 右图所示。

13.1.13 抽壳

用户可以利用抽壳的方法将一个实体模型生成一个空心的薄壳体。在使用抽壳功能时，用户要先指定壳体的厚度，然后 AutoCAD 把现有的实体表面偏移指定的厚度值，以形成新的表面，这样，原来的实体就变为一个薄壳体。如果指定正的厚度值，AutoCAD 就在实体内部创建新面，否则，在实体的外部创建新面。另外，在抽壳操作过程中还能将实体的某些面去除，以形成开口的薄壳体。图 13-20 右图所示是把实体进行抽壳并去除其顶面的结果。

图13-20　抽壳

【练习13-11】： 抽壳。

1. 打开附盘文件"dwg\第 13 章\13-11.dwg"，利用 SOLIDEDIT 命令创建一个薄壳体。

2. 进入三维建模空间，单击【实体编辑】面板上的 按钮，AutoCAD 主要提示如下。

　　　　选择三维实体：　　　　　　　　　　　　　//选择要抽壳的对象

　　　　删除面或 [放弃(U)/添加(A)/全部(ALL)]：找到一个面，已删除 1 个

　　　　　　　　　　　　　　　　　　　　　　//选择要删除的表面 A，如图 13-20 左图所示

　　　　删除面或 [放弃(U)/添加(A)/全部(ALL)]：//按 Enter 键

　　　　输入抽壳偏移距离：10　　　　　　　　　//输入壳体厚度

　　　结果如图 13-20 右图所示。

13.2　范例解析——编辑实体表面形成新特征

【练习13-12】： 打开附盘文件"dwg\第 13 章\13-12.dwg"，如图 13-21 左图所示。通过编辑实体表面，将左图修改为右图。

图13-21　编辑实体表面

1. 在立体顶面绘制线框，并将其压印在实体表面，如图 13-22 左图所示。拉伸实体表面，形成矩形槽，结果如图 13-22 右图所示。

2. 创建新坐标系，在立体侧面绘制线框，将其压印在实体表面，如图 13-23 左图所示。拉伸实体表面，形成缺口，结果如图 13-23 右图所示。

图13-22　压印及拉伸实体表面（1）　　　　　图13-23　压印及拉伸实体表面（2）

3. 用同样的方法形成斜面上的长槽，结果如图 13-21 右图所示。

13.3　实训——创建固定圈模型

【练习13-13】：　根据固定圈零件图创建实体模型，如图 13-24 所示。

图13-24　创建实体模型

主要作图步骤如图 13-25 所示。

图13-25　主要作图步骤

13.4　习题

1.　绘制图 13-26 所示曲面立体的实心体模型。
2.　绘制图 13-27 所示立体的实心体模型。

图13-26　创建实体模型（1）

图13-27　创建实体模型（2）